本研究得到如下课题项目资助和支持：
国家自然科学基金重点课题(No.71333010)
上海市政府咨询课题(No.2016 - A - 77)
上海市政府重点课题(No.2011 - GZ - 16)
上海市科委重点课题(No.066921082)
上海市政府重点课题(No.2019 - A - 022 - A)
上海交通大学安泰经济与管理学院出版基金

推动农村居住相对集中的战略研究

——以上海郊区为例

范纯增　著

上海财经大学出版社

图书在版编目(CIP)数据

推动农村居住相对集中的战略研究:以上海郊区为例/
范纯增著.—上海:上海财经大学出版社,2021.1
ISBN 978-7-5642-3427-0/F • 3427

Ⅰ.①推… Ⅱ.①范… Ⅲ.①农村—居住区—研
究—上海 Ⅳ.①TU982.29

中国版本图书馆 CIP 数据核字(2019)第 283331 号

□ 策划编辑 刘光本
□ 责任编辑 邱 仿
□ 封面设计 张克瑶

推动农村居住相对集中的战略研究
——以上海郊区为例

范纯增 著

上海财经大学出版社出版发行
(上海市中山北一路 369 号 邮编 200083)
网 址:http://www.sufep.com
电子邮箱:webmaster@sufep.com
全国新华书店经销
江苏凤凰数码印务有限公司印刷装订
2021 年 1 月第 1 版 2021 年 1 月第 1 次印刷

710mm×1000mm 1/16 12.5 印张(插页:2) 192 千字
定价:68.00 元

内 容 提 要

　　农村集中居住是社会经济发展到一定阶段的产物,是优化资源配置,提高农村经济增长速度,缩小城乡差距,促进城乡融合,形成城乡居住等值,实现农村美、富、强的必然选择。

　　近年来,我国基本实现全面小康,并向着现代化国家快速迈进,新型城镇化是重要的社会经济推进维度。以集体经营性建设用地、农用地和宅基地"三块地"为核心的新"土改"成为新一轮土地改革的重要内容,其中的宅基地改革具有巨大的潜力和动力,其最重要的战略任务是盘活大量的农村土地资源,这自然成为新型城镇化的重要突破口。加快推进郊区农村集中居住,对集约、高效利用土地资源,优化土地利用结构,提高使用效率,进而推动城镇化和社会经济发展具有重要意义。

　　本书以上海为例,主要围绕当前推进农村集中居住的政策与制度、影响农村集中居住的深层次原因、农村集中居住的国内外经验、农村集中居住的潜力及促进农村集中居住的机理与对策等重大问题从八个方面对本命题展开研究。

　　第一章是绪论,内容包括问题的提出、文献分析和研究方法的阐述。

　　第二章是关于村庄发展与乡村居住,分析了村庄发展的主要维度及其影响,进一步分析了乡村住宅大小、质量与经济发展水平和阶段的关系,分析了农村老龄化、生产技术、农业保障水平等对农村集中居住的影响。

　　第三章是关于当前农村进一步集中居住的政策与形势分析。对相关政策的梳理和农村集中居住区调查资料的分析表明,上海农村集中居住的政策在不断加强,大多数居民对集中居住区的生活满意,并认为居住环境改善明显,集中居住点的水电煤配套、周边环境、治安设施、文娱设施等有明显改善。但是在教育资源配置、农民生活观念和习惯改变、交通出行和周围商业设施等方面尚有很大的提升空间。

农村进一步集中居住是上海城市总体规划的实践需要,是国土规划和国土经营不断推进的要求,人口老龄化与养老产业发展的要求,新时代乡村振兴战略推进的要求、城乡发展新阶段城乡融合的要求,也是优化上海农村土地资源配置的要求。

当前推进乡村集中居住面临许多新问题与新挑战,主要表现为:因长期性与不确定性进展较慢;部分区镇推进农村居住相对集中的动力不足;农村集中居住总体规划的落实不到位;相关农村居住集中的政策和细则配套仍有不足;资金周转压力大,区镇政府积极性不足;宅基地总量减少和增量零散化。

第四章是对影响上海推进农村居住相对集中的深层次原因分析。上海农村集中居住的推进是一项复杂的系统工程,基于国家发展战略、国家乡村振兴计划和城乡融合发展的背景,在推进上海城市规划目标、实施上海乡村振兴的过程中,依靠政府推动和农户需求的核心拉动,兼及若干积极的支持因素,应对与破除若干阻制因素,通过构建新型的、积极的体制机制,来逐步实现。

农村集中居住深受规划与未来区位改善的影响、房地产市场及政府的宅基地政策的影响、城市发展速度与水平的影响。影响农户集中居住推进的深层次原因在于农户在集中居住上的意愿、诉求及其异质性。影响农村居住集中的关键异质性因素主要有:集中居住类型、房租水平、出租面积、区位、户主年龄、家庭务农人数、宅基地实际拥有人数量、家庭规模、农户家庭收入水平等。

第五章是关于推进农村集中居住的潜力分析。农村集中居住的潜力其一决定于其基本的物质基础:农户多寡、农户居住分散程度、宅基地的规模、农户居住点的微观区位等;其二决定于推进农村集中居住实现的资金供给能力等;其三是农村集中推进后的福利增加潜力或意愿提升能力。这三个方面的要素共为一体,任何一个要素都不可或缺。

主成分分析表明:影响农村进一步集中居住的因子主要有"人力资本潜力因子""地区规模潜力因子""区位潜力因子""物流能力潜力因子""文化潜力因子""地区经济潜力因子"和"宅基地相对规模因子"。以镇域尺度,各镇可以被划分为如下几种类型:高潜力型、较高潜力型、中等潜力型、较低潜力型和低潜力型。

对高潜力或较高潜力型镇来说,其支持农村集中居住的三大方面相对较好,应当率先且依靠市场化力量推进。对较高潜力型镇来说,具备一定的推进集中居住的有利条件,但需要克服一些不利因素,推动集中居住。对中等潜力型镇来说,推进农村集中居住的潜力相对不足,若要进一步推进这类镇的农村集中居住,需要逐一具体分析各镇推进集中居住潜力不足的原因,寻找相对潜力较好的村庄,由易到难,逐步实现。对较低潜力型镇来说,因支持农村集中居住的三大因素的多方面存在一定问题,需要政府的大力支持。对低潜力型镇来说,因支持农村集中居住的三大因素问题较为突出,需要政府的强力支持。

第六章介绍推进农村集中居住的国内外经验。对美国、日本、韩国、德国等国外经验和浙江、江苏、山东等国内经验的总结发现,农村集中居住模式多样、路径纷呈,但也存在明显的规律性:美国的产业引领模式、日本的造村模式、韩国的新村模式、德国的城乡等值模式、英国的规划控制模式等,有各自成功的合理性,具有一定可资借鉴的价值。国内农村集中居住类型多样,但归结起来大致具有经济集聚模式、产业开发模式、康居模式、土地开发模式、其他模式等。这些成功的模式是进一步推进农村集中居住的基础和宝贵经验。总体而言,要想有效推进农村集中居住,需要重视如下几点:

第一,推进农村集中居住应当因地制宜,规划先行,长期引导。第二,推进农村集中居住应基于市场机制下农户意愿,农户意愿是决定农村集中居住推进的最核心的前提条件。第三,政府的基础设施投资支持是进一步推动农村集中居住的必要条件。第四,加强农村集中居住是我国实现乡村振兴和现代化强国建设必须补足的短板。第五,成功的农村集中居住必须同时具备三大条件:其一,具有公共价值或明显的福利增值;其二,施政者有足够的能力;其三,具体的集中居住政策、模式和过程得到农户的支持。

第七章是进一步推进农村集中居住的机理与条件评价。从农村集中居住前后效果上看,农村集中居住前呈现:居民点零星分布,居住环境较差,居住点的基础设施不足,"空心村"、闲置宅基地和房屋资源较突出,农村居民和城镇居民的差距过大,村庄景观杂乱,危房修缮困难,居民资产/财富持有量较少,房屋整体舒适性差。农村集中居住后应当呈现:集中居住区环境美化,农户资产/财富增加,房屋质量和整体舒适性增强,集中居住区基础设施加强且与城区基础设施对接,农村集中居住对推进城乡一体化和城乡融合起到巨大作用。

当前上海推进农村集中居住有坚实的政策基础,有丰富的资金、人才、技术及管理经验,也具有良好的机遇。但农村集中居住的推进与发展也存在若干问题:(1)镇保户宅基地资格权认定问题突出;(2)撤并村庄的后续保障问题亟待解决;(3)部分区镇存在集中居住意愿差异明显,集中居住意愿不高,动力不足;(4)集中居住新政中的农民建房标准亟待细化;(5)集中居住区存在若干亟待解决的后续问题;(6)资金平衡压力大难以持续,区镇政府动力不足等。

第八章是促进农村居民进一步集中居住的对策建议。农户的集中居住推进可分为如下几个阶段,并以不断加速的模式逐步实现:(1)1990—2018年为多批次试点阶段;(2)2019—2022年为广泛的示范阶段;(3)2023—2030年为加速推动阶段;(4)2031—2035年为完善阶段;(5)2036—2050年为城乡融合阶段。

推进农村集中居住必须遵循:公平公正的原则,增加农户福利和财富的原则,服务国家战略规划和上海总体计划规划与发展战略的原则,发挥市场化的"无形手"和政府"有形手"的双重作用的原则,系统性和前瞻性的原则,以人为本体现"以农民为中心"的原则,"福利增值—施政者能力—农户支持"三位一体的原则等。

推进农村集中居住的总体思路可以归结为:以农民为中心,在尊重农民意愿的前提下,凸显以人为本和科学的规划引导,强化产业和基础设施的强力支撑作用,辅以农村土地使用制度改革,以非均衡发展时序,在乡村振兴和城乡融合的背景下,以多模式、多选择、多阶段的方式推进农村集中居住。

农村集中居住具有多种模式:如平移模式、置换上楼模式、货币化退出模式、动迁模式、其他模式等。对于某一农村集中居住项目来说,可以根据该项目特点,让农户自由选择其中的某一模式,也可以是不同模式的组合。特别是对于意愿类别多样化较强的地区,应"对症下药",采取最灵活的宅基地置换与归并(上楼或平移)+货币化+入股等不同比例的组合方式进行分类实施。

最后,基于以上的分析和对于当前集中居住新政与既往政策衔接不足,规划的引领作用不强,缺乏社会资本的广泛参与等问题,提出的推进农村集中居住的对策主要有:(1)加强农村集中居住新政的进一步完善;(2)提升农民集中居住意愿,增加集中居住动力;(3)加强不同类型的集中居住区的后续管理;(4)面向未来,统筹发展;(5)多元化筹集集中居住资金;(6)准确定位政府在农村集中居住中的作用,优化政府投资结构;(7)充分运筹,注重以农村集中居住促进乡村振兴;(8)大力发展集中居住区的支持产业;(9)增加集中居住农户的福利、施政者的能力、农户的支持等"三位一体",提高农村集中居住的成功率和发展能力;(10)成立开发基金并优化支持政策系统;(11)分类指导,逐步推进。

目　录

第一章 绪 论

第一节 问题的提出

农村集中居住是社会经济发展到一定阶段必然出现的经济现象,是优化资源配置,提高农村经济增长速度,缩小城乡差距,促进城乡融合,形成城乡居住等值,促进农村美、富、强的必然选择。就目前实践来看,不同国家、地区在推进农村集中居住方面具有各自的特色,有不同的推进模式,有不同的难点,不同的动力、压力系统和作用机制,不同的经验与教训。如何进一步有效地推进农村集中居住,是巩固和加强既往的农业、农村经济结构调整和新农村建设成果的重要举措;是推进城镇化、增加农民收入、缩小城乡差距、提高乡村文明水平、实现全面小康和农村可持续发展的重要抓手;是面向新时代继续推进乡村振兴,实现农村富、农村美、农村强的重要战略,是实现两个一百年奋斗目标和中华民族伟大复兴的重要保障。

就我国当前的发展阶段而言,许多地区的农村居住问题日趋凸显:

第一,农村宅基地占用面积不断扩大。长期以来,我国在许多地区的农村宅基地只增不减致使总量持续增加,给农村耕地资源、森林资源的总量保持带来很大压力,也为工业用地的扩展造成压力。

第二,农村居住长期缺乏严格的规划,规模小,布局零散。这是历史长期积累的结果,调整成本很高。

第三,农村基础设施落后且配置不完善。造成这一局面的因素很多,其中之一是因基础设施建设缺乏规模,基础设施供给成本过高。基础设施具有公共物品的属性,其供给数量深受消费数量与结构的影响。集中居住可以提高对公共基础设施的消费需求,促进农村公共基础设施的投入效率和投入数量,缩小城乡差距,缓解全国发展的不充分、不平衡问题,进而提高农户的福利。

第四,农村住宅数量和质量呈现明显不平衡格局。发达的农村地区拥有相对较多的房产数量及较高的房产质量,而在相对落后地区,农村住宅数量和质量都存在一定的不足。

第五,人口老龄化和城镇化日趋加剧了农村居住的分散性矛盾和弊端。一方面,随着老龄化加深,许多村庄变成了留守老人、孩子和病残者的居所,长期得不到足够的修缮,农村住宅的居住功能下降。另一方面,城镇化加剧了农村人口流失,"空心村"增加。许多村庄因人气低使得基本医疗设施、文教设施、交通设施、养老服务设施、文化娱乐设施难以完善和更新,宜居性变差。

第六,由于制度的限制,长期以来农村宅基地无法上市流通和转让,使宅基地的有效配置难以通过市场充分实现,造成严重不足和过度浪费现象并存。

第七,村庄居住迫切需要调整。当前若干村庄面临以下一系列问题:

(1) 由于许多村庄的住宅是在20世纪80年代建造的,许多住宅年久失修成了危房,亟须更新改造(国家统计局上海调查总队,2018)。

(2) 一些村庄因为城市建设而架设的高压线、修筑的高速公路高速铁路和桥梁毗邻住宅很近,或因为污染企业、垃圾处理堆放、污水设施建造等因素,不再宜于居住。

(3) 一些区域已经成为生态工程或重大基础设施即建区,需要搬迁。

(4) 因村庄长期居住自由扩展而致环境凌乱不堪,基础设施落后,改造的建设成本和运营成本高,服务门槛人口不足等,难以大幅度建造基础设施,造福于村庄社区居民。

(5) 宅基地超标,土地浪费,房屋闲置。

总体而言,农村居住问题的多重叠加,迫切需要调整,将农村集中居住问题推到了时代的前沿。

党的十九大提出了在全面奔小康基础上,以完成两个一百年目标为主线,建设文明富强的现代化强国。而全面脱贫、缩小城乡差距、转变发展方式、促进高质量可持续发展已成为新时代的重要任务。为此,我国提出了乡村振兴战略,力求通过科学的规划、切实的计划与投入,重点解决农村居住与农村经济长期发展中产生的积弊和问题。而促进农村居住集中是更新农村居住系统,提升农村居住功能,实现农村富、农村强和农村美的关键内容之一。

只有农村居住集中,才能发挥规模优势,以较低成本配置先进齐全的现代生活、生产设施,对接城市基础设施,减少基础设施方面的城乡差距。只有农村集中居住,才能节约土地资源,增加农村建设用地,为公园建设、生态林建设、污染防治设施建设提供空间资源,也为工业和相关服务业发展提供可用土地资源。只有实现农村集中居住,才能保持和提升乡村风貌,整合与开发乡村资源,创造更多就业机会,提高农民的收入水平、住房现代化水平、环境美化及整体生产生活水平,助力美丽乡村建设。

农村集中居住还会创造对服务业的规模需求。这有助于农村进一步丰富服务类型,优化服务结构,尤其满足老年人的文化娱乐需求和医疗保健需求,提升老龄人口的生活质量和幸福感。

总体而言,农村集中居住会带来明显的"生态红利""经济红利"和"社会红利",不仅直接使本村居民受益,而且通过外部效应在节能减排、降低温室气体排放、提高生态品质、增加农产品和生态服务、促进就业、提升消费等诸多方面惠及周边乃至全国或全球。这些红利不仅惠及当代,也能惠及千秋,富有深刻的可持续发展内涵。

第二节　文　献　分　析

农村集中居住问题是农村发展乃至社会经济总体发展都必须面对、解决的大问题,相关问题研究也日趋成为学界及实践界的热点。相关研究可以归结为如下几个方面。

一、关于"合村并居"综合研究

关于村庄合并的理论体系尚没有建立起来,相关实践主要分布在东部沿海和中西部的一些大都市区,相关实证研究也主要局限在东部沿海或中西部大都市区。研究表明,推进村庄合并、促进农村集中居住具有较多限制因素,尤其对集中居住的后续管理和治理更缺乏广泛的理论研究,而现有理论无法对现行管理实践形成有效指导。[①] 中央层面对乡村集中居住的基本思路是遵循多样化的科学发展思路,发挥农民的主体作用,重视村庄的统筹规划,提高土地的优化配置效率,根据集聚提升类、城郊融合类、特色保护类、搬迁撤并类和观察待定类等不同的村庄类型,分类推进农村集中居住发展。[②] 农村集中居住是较为深刻的村庄合并,其成因存在多种解释,如财政能力论[③]认为集中居住后村庄变大,提高了财政能力,保障了地方自治;国家福利地方化论[④]认为未来村庄的合理规模是在 8 000 人左右,只有这样的村庄规模才能有效降低公共设施和服务的成本,有效支持游泳池、初等学校、药店和养老院等基础设施运行与公共服务的供给。因此,村庄合并与集中居住可以提高村庄人口经济规模,发展现代公共基础设施与公共服务,提升村庄福利水平。

提高效率论[⑤]认为,村庄合并与居住集中可以促进居住及相关资源的优化配置,节约日趋稀缺的土地资源,提高资源的综合利用效率。关于合并的方式,不同国家具有不同的成功范式。如 20 世纪 60 年代瑞典推行的两阶段激进合并模式,即第一阶段在政府的强制下实行大幅度的村镇合并和村镇人口规模提升。第二阶段采用"自愿＋强制"的方式,促使瑞典村镇数量从

① 聂玉霞,宋明爽.国内外关于村庄合并研究述评[J].山东农业大学学报(社科版),2015(5):73-78.

② 农业农村部新闻办公室.中央农办 农业农村部 自然资源部 国家发展改革委 财政部关于统筹推进村庄规划工作的意见(农规发〔2019〕1 号)[EB/OL].(2019-01-04).http://www.moa.gov.cn/ztzl/xczx/zccs_24715/201901/t20190118_6170350.htm.

③ [丹麦]埃里克·阿尔贝克,等.北欧地方政府:战后发展趋势与改革[M].北京:北京大学出版社,2005.

④ [德]赫尔穆特·沃尔曼,等.比较英德公共部门改革[M].北京:北京大学出版社,2004.

⑤ [加]理查德·廷德尔,苏珊·诺布斯·廷德尔.加拿大地方政府(第六版)[J].于秀明,邓璇,译.北京:北京大学出版社,2005.

2 498 个下降到 1 037 个。20 世纪 70 年代的苏格兰和威尔士的村庄合并更加激进,村庄数量从 1 000 个下降到 333 个。德国的村庄合并也采取"自愿＋强制"方法。① 法国采取完全自愿的方式,美国采取"立法＋公投"的方法。② 当然,推进农村集中居住不能一刀切,要因地制宜,可以采取扩张型集中、扶贫式集中和联合式集中③,可以采取城区/镇区集聚、强弱兼并和区域联合等方式。④ 这类研究涉及关于农村集中居住的因果分析、动力分析、类型划分和推进路径等,从总体和综合角度探讨农村集中居住,力求分析和总结其理论机制。

二、关于集中居住实现模式研究

依据不同视角,可将农民居住集中的实现模式划分为不同的类型。如根据村庄在城市镇规模等级体系中的地位和自然分异,将农村集中居住划分为中心村、城郊村、基层村和普通农村居民点。农村集中居住可以向着不同的类型村庄集中。⑤ 根据相对距离,将居住集中的空间载体分为小城镇、城郊和中心村。⑥ 按照空间组织特征,可将农村集中居住划分为异地集中、就地集中、就近并点和迁移归并。⑦ 按照组织方式不同,农村集中居住可以分为市场引导、移民安置、城镇化推进、土地开发等。⑧ 按照集中居住及建筑类型,可以分为平移模式(村内平移和跨村平移)和上楼模式(进镇上楼和农村上楼)。⑨ 根据资源和强制的组合条件,集中居住可以分为政府强制型、

① 聂玉霞,宋明爽.国内外关于村庄合并研究述评[J].山东农业大学学报(社科版),2015,(5):73-78.
② [美]罗纳德·J.奥克森.治理地方公共经济学[M].北京:北京大学出版社,2005.
③ 党国英.不可盲目推行"大村庄制"[J].村委主任,2009(12):11.
④ 刘卫东.联合兼并:创建农村区域经济发展新体制——山东荣成市宁津镇调查[J].中国农村经济,1997(19):44-47＋56.
⑤ 孙晓中.我国农民集中居住整理模式的探讨与思考[J].江西农业学报,2010,22(7):192-195.
⑥ 韩俊,秦中春,张云华,等.引导农民集中居住的探索与政策思考[J].中国土地,2007(3):35-38.
⑦ 曹恒德,王勇,李广斌.苏南地区农村居住发展及其模式探讨[J].规划师,2007(2):18-21.
⑧ 宋福忠,赵宏彬.引导农村居民相对集中居住模式研究——以重庆市为例[J].安徽农业科学,2011,39(6):3709-3712＋3714.
⑨ 乔欢.奉贤首批农民相对集中居住项目启动签约[N].东方城乡报,2019-11-06.http://www.moa.gov.cn/xw/qg/201911/t20191106_6331460.htm.

"政府强制＋自愿"型、自愿型和"立法＋公投"型。① 赵宏彬(2010)则将农村居住集中模式分为经济集聚模式、土地开发模式、康居模式和产业集聚模式。② 按照居住区是否跨村,可以分为当地归并集聚模式和异地居住集聚模式。前者是指在一个村域之内,将零散的村居归并到一个成片社区。后者是集中居住区占用了两个或以上的村庄,居民也来自两个或更多个村庄,这种情况下涉及土地的跨村置换,深受目前土地承包制度的约束。

不同的集中居住实现模式具有不同的特点,但无论采取何种集中居住类型,都必须遵循农户的意愿,优化农村配置资源,促进农村生态品质的提高,加强基础设施的城乡并接,缩小城乡差距,让集中居住居民享有更好的就业、社会保障和更明确的住宅产权③④,真正增加居民福利。

三、村庄集中居住影响因素分析

邓雪霜研究表明,农户对集中居住的态度主要受人均年收入、购买社会保险情况、宅基地经济用途、基础设施条件、对集中居住的认识状况、家庭结构、农户收入-支出结构变化等因素影响。⑤ 农村居住集中的动力主要包括政府政策引导、土地节约利用需求、工业化程度提升、家庭收入改善和农村基础设施建设需求。其限制因素包括规制约束、公共服务发展滞后、居住成本增长、社区生活不适应和农民就业不足等。

王鹏翔等(2007)认为农民的收入、就业以及当地的经济社会发展水平是影响农民集中居住态度和意愿的关键因素。

马光川(2013)认为农村集中居住最基础、最根本的动力是工业化和城市化发展,而城乡建设用地增减挂钩政策是农村集中居住最直接的推动力。⑥ 王

---

① 聂玉霞,宋明爽.国内外关于村庄合并研究述评[J].山东农业大学学报(社科版),2015(5):73-78.

② 赵宏彬,宋福忠.国内外农民相对集中居住的引导经验,世界农业,2010(12):39-43.

③ 吴康军.奉贤区农村宅基地归并和置换两种模式比较研究[J].上海农村经济,2014(4):39-42.

④ 聂玉霞,宋明爽.国内外关于村庄合并研究述评[J].山东农业大学学报(社科版),2015(5):73-78.

⑤ 邓雪霜.重庆市农民新村型集中居住建设机制研究[D].重庆工商大学硕士学位论文,2016.

⑥ 马光川,林聚任.新型城镇化背景下"合村并居"的困境与未来[J].学习与探索,2013(10):31-36.

丙川等(2010)认为,影响农村集中居住的因素包括农村劳动方式和谋生手段的改变、对城市生活的向往、家族观念的弱化、对城市教育的需求以及土地产权的模糊等。[①] 施烨明认为促进农村集中居住需要尊重农民的意愿,通过增加集聚社区的吸引力,发展经济,改善环境,增加社会保障能力,提高农户收入,改变政府主导的强制模式为农户的自觉集聚模式。[②]

蔡弘和黄鹂(2016)发现,近80%的农民对集中居住的生活感到满意,政府服务、人际关系、经济收入、社区适应、生活便捷、社区参与等因素是影响集中居住区农民生活满意度的主要因素。因此,可以通过转变政府职能,加强基础设施建设,增加就业培训能力,增加社区文化产品供给等政策措施提升农民对集中居住的意愿和参与的积极性。[③]

农民对农村居住集中诉求是多元的,农村居住集中有有利和不利两个方面。余建华等调查表明,农村集中居住的有利方面主要表现为基础设施、医疗卫生、信息交流、生态环境等生产生活条件的改善,农业生产效率的提高,农民收入的增加,以及一定程度上提高解决邻里矛盾和突发问题的能力。[④] 不利方面表现为农户间的相互影响增强,拆迁难,新房贵,影响农村风俗,增加生活成本,生活不习惯等(见表1-1)。

表 1-1   关于新农村集中居住区建设中农民意愿的影响因素

有利方面	占比	不利方面	占比
水、电、气、交通等基础设施改善	69%	居民相互影响大	46%
改善医疗卫生	50%	拆迁难、新房贵	45%
信息交流方便	53%	影响农村风俗	39%
土地集中提高农业生产效率	47%	与劳作生产点的距离较远和生活成本增加	31%
环境舒适度	45%	生活不习惯和老幼人群生活不便	25%

① 王丙川,龚雪."合村并居"的必要性与可行性分析——基于山东省潍坊、德州、济宁等地的考察分析[J].山东农业大学学报(社会科学版),2010(3):61-65.
② 施烨明.农民集中居住的意愿分析及对策[D].上海交通大学硕士论文,2015.
③ 蔡弘,黄鹂.农民集中居住满意度评价体系建构——基于安徽省1 121个样本的实证研究[J].安徽大学学报(哲学社会科学版),2016(1):137-147.
④ 余建华,孙峰,吉云松,等.新农村集中居住区建设的农民意愿及对策探究[J].经济问题,2007(12):91-94.

有利方面	占比	不利方面	占比
增加农民收入和方便生活	30%	考虑到可能出现预想不到的问题	20%
一定程度上解决邻里矛盾	20%	就业困难	14%
利于解决村民遇到的突发问题	12%		

资料来源：余建华、孙峰、吉云松.新农村集中居住区建设的农民意愿及对策探究[J].经济问题,2007(12):91-94.

四、关于集中居住的效应研究

农村集中居住通过集约利用土地,缓解城乡建设用地紧张,改善农户的居住条件,提高生活质量,具有良好的帕累托改进效应。可见,推进农村集中居住从理论上看应该具有诸多积极效应。邢莎莎(2016)以山东省潍坊市临朐县的案例分析,发现有些农村集中居住给村民带来明显的福利效应,而有一些农村集中居住并没有带来村民的满意,大多数村民感觉福利受损。[1] 要提高农村集中居住的福利效应需要考虑土地制度、社会保障、社区管理和集中居住资金监管、就业和收入管理等多个层面,充分尊重农户意愿,提高就业和收入水平。

李越(2014)认为集中居住虽然在生活成本、庭院经济收入、生活方式和农作便利性可能带来福利损失,但在生活条件与居住环境的改善方面的福利效应明显增加。贾燕等（2009）研究表明集中居住使居住条件、经济状况、发展空间和心理满意度等方面有不同程度的增强,使农民总体福利水平略有提高,但社会保障、社区生活和环境并无明显改善。农民家庭被抚养人口比重、教育程度、地区经济发展水平的差异导致不同的集中居住效应。

马贤磊和孙晓中发现集中居住前福利的初始状态以及集中居住模式是影响农民福利变化的主要变量。[2] 在改善农户福利方面,快速的集中居住模式劣于适度的低速推行模式,说明农村集中居住不能急功近利,否则欲速则

---

① 邢莎莎.“合村并居前后”农民福利变化研究——以潍坊市临朐县为例[D].山东财经大学硕士论文,2016.

② 马贤磊,孙晓中.不同经济发展水平下农民集中居住后的福利变化研究[J].南京农业大学学报(社会科学版),2012(2):8-15.

不达。另外,实证研究还表明发展水平较低的地方更宜于适度推进农村集中居住。[1]

总体而言,虽然关于集中居住的若干实证的结论存在明显的差异,但都存在明显的好处,即改善了农户的居住条件,同时农村集中居住后也在一定程度上改变了农民的生产生活方式和收入支出方式,有部分农民收入下降。在没有足够政府保障和就业的情况下,农村集中居住会给集中居住农户带来较大的生活和收入风险。[2] 因此,政府应该调整政绩激励机制的指标与结构,抑制各种非理性行为,以制度化的方式确保农民参与集中居住的积极性,建构良好的农民与政府合作关系[3],扩大农民集中居住的正效应。

五、村庄规划理论研究

农村集中居住本质上是面向新时代的村庄发展,需要规划的理论指导。基于科学规划的集中居住会分类引导村庄的保留、保护和撤并,避免既往村庄"自然野蛮生长"造成的不利局面。江国逊(2017)认为,农民集中规划要本着多规合一思路,严守基本农田红线、生态控制线和城乡建设用地控制线,通过优先布局基础设施引导农村人口向城镇、宜居性重点发展型和特色型村庄集中。[4] 田鹏和陈绍军认为农民集中居住规划要以村民为本,充分考虑农民特征,重视农民和基层政府的发展意愿,通过"自下而上"的规划模式转变,构建科学的村庄结构体系,合理确定城镇集建型、整体搬迁型、特色加强型、整治完善型、平移归并型等不同村庄的发展定位,促进农民生活生产方式的转变。[5] 这也有利于避免因居住集中及其空间变迁而造成"无主体半熟人社会",防止集中居住区农民可能丧失主体意识,而成为"社区里的农民"。同时,政府相关部门要制定切实可行的政策措施,以保障农村集中居

---

① 贾燕,李钢,等.农民集中居住前后福利状况变化研究——基于森的"可行能力"视角[J].农业经济问题,2009(4):92-96.

② 王志强.农村集中居住问题研究进展[J].农村经济与科技,2015,26(10):204-206.

③ 谢岳,许硕,吕晓波."汲取"与"包容":"农民上楼"的两种模式[J]江苏行政学院学报,2014(4):75-82.

④ 江国逊."多规合一"背景下宝应县镇村布局规划的控制与优化[J].小城镇建设,2017(9):79-84+96.

⑤ 田鹏,陈绍军."无主体半熟人社会":新型城镇化进程中农民集中居住行为研究——以江苏省镇江市平昌新城为例[J].人口与经济,2016(4):53-61.

住区规划的有效落地,对于保护村和保留村的规划要切实保住乡土文化。①

20世纪80年代以来,随着城乡二元结构和城镇化快速发展,我国乡村的地位和数量不断变化,村庄数量大致以1.8万个/年的速度锐减,现存的50多万个行政村中由于人口流失、经济发展和技术进步较慢导致相当数量呈现出凋敝或衰败的颓态。中国农村发展迫切需要乡村体系梳理和乡村振兴规划的引导。② 但我国乡村规划体系在很长一段时间接近空白,乡村规划长期处于滞后、被动和被忽视的地位,无法对农村集中居住产生引领作用。③④

第三节　相关基础理论

一、理性经济人理论

"理性经济人"是指系统而有目的地尽最大努力实现其目标的人。⑤ 理性经济人假设是指市场经济环境中生产活动以追求利润最大化为目的。斯密在《国富论》中提出理性经济人通过无形的手引导资源优化配置。⑥ 钟甫宁(2010)在研究农业劳动力转移时也使用了理性经济人假定,即农民的经济活动以利润最大化为前提。⑦ 舒尔茨认为人口和劳动力的流动和转移会实现他们的利益最大化,从而促进经济增长。⑧ 因此,农村集中居住需要将农户家庭视作理性经济人,将其置于市场之中,依靠市场机制,遵循农户家庭的市场需求和意愿,通过增加集中居住农户的综合福利为准则,引导居民自觉选择入住增加综合福利的集中居住区。当然这个综合福利不仅要数量

① 何瑞雯,陈眉舞,罗小龙,等.城郊半城市化地区的镇村健康发展探索——以扬州市区镇村布局规划为例[J].江苏城市规划,2015(4):15-20.

② 张立.我国乡村振兴面临的现实矛盾和乡村发展的未来趋势[J].城乡规划,2018(1):17-23.

③ 周游,魏开,周剑云,等.我国乡村规划编制体系研究综述[J].南方建筑,2014(2):24-29.

④ 李俊鹏,王利伟,纵波.城镇化进程中乡村规划历程探索与反思——以河南省为例[J].小城镇建设,2016(5):53-58.

⑤ 曼昆.经济学原理[M].梁小民,梁砾,译.北京:北京大学出版社,2015:6.

⑥ [英]亚当·斯密.国富论[M].北京:商务印书馆,1972.

⑦ 钟甫宁,王兴稳.现阶段农地流转市场能减轻土地细碎化程度吗?[J].农业经济问题,2010(1):23-32.

⑧ [美]西奥多·W.舒尔茨.改造传统农业[M].北京:商务印书馆,2007.

大,还要结构平衡,如既要增加就业、增加收入,也要在提高生态质量、提高社保水平、提高文化娱乐和教育水平、增加交通便利度和低成本化等不同维度上有显著发展。

二、中心地理论[①]

该理论由克里斯塔勒提出,是一种揭示和描述城镇等级规模体系的空间经济学规律的理论。该理论认为城镇体系中,城镇数量按照等级由高到低、有规律地增加。如按照市场规则,从高等级城市到低等级表现为 1,3,9.27,…的序列;若按照交通规则,从高等级城市到低等级表现为 1,4,16,64,…的序列;若按照行政规则,从高等级城市到低等级表现为 1,6,36,…的序列。如果城镇体系按照如此规律组织,会形成有效的服务网络的"编织"和覆盖,创造高效的服务供给效率。目前,中国城市体系中基层单位中心村和规模社区因为城市化的推进和人口流失,许多村庄变得空心化,人口分布呈现"零散化""老龄化"或"老幼病残集聚化"。因此,在部分农村地区出现了凋敝现象,城乡差距没有因为城市化和现代化的推进而变小,反而更大了(常正文,1998)。这一方面表现为城镇基础设施在城郊外缘城乡断崖式减少,缺乏向着村庄的足够的延伸,乡镇的服务也无法快速有效地延伸到村庄社区,阻碍了城镇服务的规模化和专业化发展,无法支持更高等级的城镇发展,限制了村庄的健康发展。另一方面,村庄的"老龄化"和人气不足及收入增加不快,生产力提高缓慢,生产效率低下,阻碍了村庄社区对高等级服务的消费能力,无法从需求端拉动城镇的发展。同时,村庄建设的滞后也降低了村庄为城镇提供高质量农副产品和生态品的能力,无法通过加强城乡互动,支持城乡融合和快速发展(吴衡康,1986)。因此,加紧农村集中居住建设是完善现代城镇体系、提高经济效率的关键举措。

三、需求结构升级理论

需求是在一定市场条件下消费者愿意并且能够购买的商品数量,它反映市场条件与消费者购买意愿之间的对应关系。普通农产品及其加工品需

---

① [德]克里斯·塔勒.德国南部的中心地原理[M].常正文,王兴中,译.北京:商务印书馆,1998.

求收入弹性较小,随着收入的增加,需求量增加有限。而基于技术创新或组织创新生产出来的名优特农产品及其服务的需求收入弹性较大,随着收入的增加,需求量增加,从而使生产者的收入增加。[①] 随着收入水平的提高,消费者遵循效用最大化的原则,会把收入分配到更多种类和更高品质的消费品上,促使总体需求结构不断发生变化。消费者的需求结构决定着他的消费结构,因此,费者的消费结构随着收入水平的提高也在不断升级。

中国的人均GDP已超过一万美元。在可以预见的未来,中国人均GDP还会快速增长。农村居民的消费能力也在迅速提高,消费结构不断升级。但当前农村的生产生活设施总体落后,与城市生产生活设施差距很大,无法提供农户家庭日益增加的对专业服务和公共服务的需求。同时,村庄是最基层的城镇体系组织单位,城镇需要基层的村庄社区提供高质量、多样化、生态化农副产品,需要村庄提供高品质的生态服务。

无论是提高农村农副产品和生态服务的数量、质量和输出能力,还是提高村庄对城镇的生态服务和农副产品供应能力,都需要农村社区不断提高基础设施和生产技术水平,完善和整合村庄结构。对零散化和空心化严重的农村地区而言,提高基础设施水平和技术水平成本过高,使用效率过低。急切需要农村居住集中,才能增加农村社区对先进且完善的基础设施的承载力和使用效率,才能提高村庄服务的质量水准,以较合理的成本满足城乡居民的消费需求和消费不断升级的需要。

四、城乡融合与城乡一体化理论

区域经济发展的目标是城乡等值。城乡不断细化分工,各自发挥比较优势,共同获取可持续发展,需要城市基础设施和若干功能按照规模等级规律、墨渍渗染规律和等级扩散规律不断辐射和延伸到农村社区,促使村庄社区的生态品质和高质量农副产品生产供给能力不断提高,增加农村社区产品和服务的可输出性、市场化和低成本化,进一步增加农民收入。这需要村庄社区具备城乡互联一体的现代基础设施支持。现代城市要素包括现代医疗卫生设施、购物设施、现代文化娱乐设施、现代生产设施、现代交通通信设

---

① 曼昆.经济学原理[M].北京:北京大学出版社,2019.

施等,但目前这些设施尚无法深入延伸到村庄社区。长期以来城乡巨大的基础设施和服务差距严重限制了城乡整体经济发展,不符合社会公平与共同富裕的目标,更不符合新时代建设"美富强"农村的战略目标。缩小城乡差距的重要前提是提高农村基础设施建设水平,实现基础设施的城乡对接。而要提高农村基础设施,首要任务是加强农村集中居住,建构完善的、富有吸引力的现代化农村社区和集中居住区。

五、村庄布局演化与优化理论

村庄作为经济发展的基层空间组织单元,其发展遵循劳动地域分工与专业化原理及其不断演化和优化的发展规律。村庄布局深受诸多因素影响,如受到国家土地等制度因素,国家总体发展水平和目标等经济因素,文化特色和收入均衡水平等社会因素,改革和执政理念等中央政府因素,以及技术、人口等国家综合或部门因素,也深受国际政治经济环境及自身国际化水平的影响;同样,村庄布局演变与优化还深受农户、公司、社区、地方政府、资源环境、风俗习惯及产业等地方及个体因素的影响(见图 1-1)。[①] 这些因素的综合作用呈现相对稳定的状态时,农村居住布局也相对稳定。但上述因素系统中一个或多个发生明显变化并足以引起居住状态变化时,农村居住布局就会发生变化。随着社会经济发展和人类文明进步,农村居住布局向着不断合理化和优化方向发展。

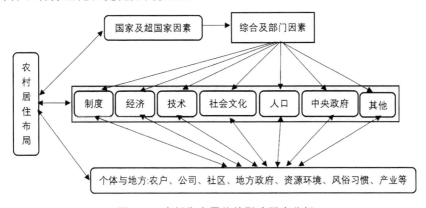

图 1-1　农村集中居住的影响因素分析

---

① 李红波.国外乡村聚落地理研究进展及近今趋势[J].人文地理,2012,27(4):103-108.

20 世纪 80 年代以来,中国村庄经历了多阶段的规划布局与发展过程。具体而言,1990—2005 年,中国村庄布局与规划附属于城镇体系而发展,强调城镇范围内的中心村与城镇协调,该阶段的村庄发展缺乏细致的统筹,需要围绕着城镇并支持城镇为核心的发展。2005—2010 年,我国村庄规划与发展进入半独立阶段,一方面清理村镇体系,规划发展时序和重点;另一方面推动村庄收缩,鼓励土地流转,加强村庄公共设施建设,探索新型农村社区发展。2010—2015 年,村庄规划布局进入了基本独立发展阶段,强调城乡统筹,通过多规合一,强调小城镇对乡村的辐射带动作用,优化村庄布局。2016 至今,村庄布局与发展规划进入了独立统筹发展阶段(魏书威,2020),该阶段应本着乡村振兴、乡村现代化和美丽乡村建设的多重目标,重视村庄布局与规划引导,强化对发展型、保留型及撤并型等不同类别村庄发展的分类指导,形成城乡统筹发展、农村综合发展及农业专业化发展并重的新时代村庄布局与规划(见表 1-2)。

目前,全国大多省区以整治农村"三块地"为依托,通过村庄的综合规划和详细的村庄规划,挖掘乡村土地资源,整合发展产业资源,全面推动发展型村庄的综合设施建设和现代化建设。如上海在主要涉农区开展了村庄布局规划和郊野单元发展规划的基础上,进一步推动镇域村庄布局规划和发展型村庄详细规划,引导村庄集中居住和农村产业升级与现代化建设(上海市农委,2020;奉贤区政府,2019)。

第四节　研究的目的与意义

诚如前文所述,目前乡村集中居住是经济发展到一定阶段的必然需求,是新时代战略目标实施的坚实基础。但目前关于农村集中居住的社会经济机理,关于农村集中居住的动力,关于农村集中居住的潜力,关于农村集中居住的推动模式,关于当前农村集中居住推进中的制约因素,关于当前农村集中居住的推进战略,关于当前农村集中居住的对策等方面研究匮乏,亟待加强。研究本课题具有重要的时代背景和典型的理论实践价值。

大都市郊区农村在我国区域经济发展中处于发达地区,其充分暴露出来的农村分散化、小规模、环境不优、生态不美、宜居性较差、效率低下、浪费

表 1-2　改革开放之后我国乡村体系规划演进历程①

阶段	时间	县/市域规划内容	规划方法	方法释义	关注重点	不足	核心思想	总体要求	规划内容	规划特点
附属阶段	1990—2005年	城镇体系规划	归纳分类	探索分类规划分级指导技术	服务小城镇,发展中心村,协调城边村	简单粗糙,缺乏统筹	分类引导	结合县(市)域市场经济发展诉求,在乡村城市化的部分试点地区开展村庄发展职能、规模的梳理与引导	围绕小城镇建设需求进行乡村体系调整,明确不同层次制镇、集镇、村庄的地位、性质和作用	将自下而上与自上而下相结合,局部试点,初步探索,无统一方法、名称
半独立阶段	2005—2010年	村庄布局规划	空间引导	导则化引导	清理体系,分清主次,明确时序	规划缺乏辅助支持政策	宏观调控	乡村设施的统规统建,村庄公共服务设施查漏补缺	系统梳理建设问题,推进设施统规统建	自上而下与自下而上相结合
半独立阶段	2007—2010年	新型农村社区布局规划	城镇导向	集约化收缩	居民点收缩,土地集中流转	忽视农村特殊性	集群协同	按城镇化的思路推进居民点收缩	建设农村社区,探索社区服务模式和农业产业作业方式	自上而下,部分省份推广、部分试点,游牧民族安置点规划

① 魏书威,王阳,陈恺悦,等.改革开放以来我国乡村体系规划的演进特征与启示[J].规划师,2019(16):56-61.

（续表）

阶段	时间	县/市域规划内容	规划方法	方法释义	关注重点	不足	核心思想	总体要求	规划内容	规划特点
基本独立阶段	2010—2015年	城乡统筹规划	统筹规划	技术导则编制规划	设施用地、产业风貌等城乡统筹	笼统不宜执行	统筹均等	以城镇为引擎，统筹城乡发展、辐射带动	城乡空间统筹建，城乡设施共建共享、产业融合发展	自上而下，结合"多规合一"试点推行
	2016年至今	乡村建设规划	多规合一	建设性质动化规划技术	多规协调、空间资源整合	没有触及体制机制	行动指引	确立县（市）域乡村建设规划先行及主导地位	重构空间治理模式和治理机制，建立规划管控机制和重大项目引导布局	自上而下，全国试点推行；中观层面的规划类
独立统筹发展阶段	2018年至今	乡村振兴战略规划	体系革新	本位式质量型规划	聚焦基层基建和治理	触及体制机制，推进难度大	乡村本位	全面振兴乡村，均衡城乡发展	正视乡村衰落现实，对症下药，系统根治"乡村病"	自上而下，全国推行，宏观层面支持
	2019年至今	村庄规划	详细规划	分类规划	宜居宜业、以人为本	资金和居业匹配难度大	乡村本位	乡村现代化发展	分类指导、特色化发展	自上而下，全国推行，宏观层面支持

严重、开发困难、整治成本高昂,发展不平衡不充分的矛盾日渐突出,居民需求与农村居住区所能提供的生态服务、绿色农产品服务、医疗保健服务、文化娱乐服务得不到满足,供需矛盾日趋严重。大都市具有丰富的人力、物力、财力和智力资源,具有率先快速深度推进农村居住集中的核心条件和能力,因土地资源紧缺和对郊区生态、旅游服务的需求,大都市对农村集中居住的需求也更加迫切,大都市农村集中居住后的福利效应和综合红利最大。以大都市郊区农村集中居住为试点,易于迅速总结农村集中居住推进理论,总结相关经验与教训,起到很好的示范作用。因此,以大都市农村为中心探讨加强农村集中居住研究,对推进农村居住区的供给侧改革,促进农村居住满足社会经济发展和居民自身需求意义重大。

第五节　研究的技术思路、方法和数据来源

一、研究技术思路

本研究在具体的实施过程中,首先,通过背景分析提出要聚焦研究的课题:推进农村集中居住研究。其次,通过分析国家及上海相关政策,归纳提出大都市农村推进居住集中的条件。再次,通过对农村集中居住的潜力分析和农村集中居住的国际经验分析,进一步剖析影响农村集中居住的机理、问题及成因。再次,基于以上分析提出农村集中居住的发展战略。最后,提出推动农村集中居住的对策建议(见图1-2),并力求这些建议为调查登记层面、规划层面、政策修订与实施层面、机构保障层面和农户等不同主体层面的决策提供参考。

二、数据资料来源及研究方法

(1) 本研究需要大量翔实数据支持,本研究数据主要来源包括:

① 面上数据主要来自《中国统计年鉴》《上海统计年鉴》《中国农村统计资料》《中国农业年鉴》,第五次、第六次人口普查,第二次、第三次经济普查和第二次、第三次农业普查。

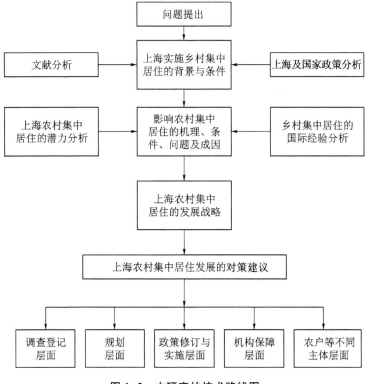

图 1-2 本研究的技术路线图

② 网站资料,如中国统计局网站、中国农业农村部网站、上海统计网、上海各区的统计局、政府网站,及相关其他各省和地区的统计网站及政府网站等。

③ 各类相关农村集中居住的政策,主要来自上海市政府网站、农业部网站、国务院网站、环保部网站等。

④ 相关参考文献,主要来自上海交通大学的数据库,及 CPFS 等公开数据库及 OECD 数据库等。同时也有一些研究报告等。

⑤ 调查和问卷资料。本研究使用的调查问卷数据一部分来自奉贤区农户家庭样本资料。该调查采用随机等距抽样方法,在奉贤全区 10 个镇 156 个村中抽取了 3 100 户拥有农村宅基地住户,总体抽样误差小于 2%,因此调查数据质量较高。另一部分是上海市第三次农业普查数据(包括基于农户合并后的镇级数据)、笔者实际的调查数据,这些调查主要通过对上海市的闵行区、浦东新区、嘉定区、奉贤区等部分农村集中居住的面上资料和面对

面的访谈调查资料。

（2）本研究的方法主要包括田野调查法、文献分析法、网络资料收集法、研讨会议法（主要通过相关研究课题的开题会议、中期检查会等获取相关资料及意见和建议）和计量分析法（根据收集资料建立了数学模型，计算分析了相关研究内容）及基于典型案例的调研走访和网络查询。典型调查案例主要包括：金山区廊下勇敢村、浦东航头镇、嘉定外冈、奉贤区庄行新叶村、奉贤庄行、嘉定区外冈镇、崇明区港西镇及松江的农村集体土地入市案例等农民集中居住开展的地区进行深度调研与案例分析。

通过这些典型调查，对当前农村宅基地一户多宅、空心化、农户与宅基地配比严重不协调有了良好的把握。

同时，通过网络收集了美国、日本、德国、韩国等农村集中居住的资料，分析了农村集中居住的国际经验。

第二章　村庄发展与乡村居住

第一节　村庄发展的主要维度与发展水平评估

一、村庄发展的主要维度

为了更清晰地了解农村建设与发展情况,基于数据的可获得性及数据对村庄发展的描述能力和指标数量与质量,本研究选取了上海市第二次农业普查中 132 项指标中的 56 个,涉及 1 912 个村庄调查数据,这些数据包括生产发展方面、生活水平改善方面、村庄文明方面、村庄环境方面和村庄管理等五个维度,使用主成分分析来描述农村发展的基本规律与特征。

1. 生产发展方面

衡量生产发展情况所采用的数据有:户籍人口数、年末农业技术人员数、年末村集体资产总额、年末村集体负债总额、年末村集体债权总额、年末拥有耕地面积、全年村集体固定资产投资完成额、全年由村组织的农田水利建设投资完成额、年末机电井数、年末排灌站个数、本村能够使用的灌溉用水塘和水库数、全年村集体收入、村级经济可支配收入、村级经济总支出。经主成分分析,结果见表 2-1 和表 2-2。

表 2-1   特征值与主成分贡献率

主成分	载荷平方和		
	特征值	方差贡献率%	累积贡献率%
1	4.113	29.378	29.378
2	2.068	14.772	44.150
3	1.445	10.322	54.472
4	1.046	7.474	61.946

表 2-2   初始因子载荷矩阵

	主成分	
	1	2
本村户籍人口数	−0.101	0.729
年末拥有耕地面积	−0.226	0.843
年末机电井数	−0.001	0.034
本村能够使用的灌溉用水塘和水库数	−0.009	0.073
年末排灌站个数	−0.168	0.758
年末农业技术人员数	−0.054	0.219
全年村集体收入	0.855	0.138
年末村集体资产总额	0.951	0.127
年末村集体负债总额	0.905	0.150
年末村集体债权总额	0.934	0.147
全年村集体固定资产投资完成额	0.332	−0.132
全年由村组织的农田水利建设投资完成额	−0.045	0.301
村级经济可支配收入	0.696	−0.029
村级经济总支出	0.308	−0.101

从表 2-1 和表 2-2 可以看出,第一主成分是资产收入主成分,全年村集体收入、年末村集体资产总额、年末村集体负债总额、年末村集体债权总额、村级经济可支配收入、全年村集体固定资产投资完成额以及村级经济总支出在此一层面上有较高载荷;第二主成分为发展资源主成分,户籍人口数、年末拥有耕地面积、年末机电井数、本村能够使用的灌溉用水塘和水库数、年末排灌站个数、年末农业技术人员数、全年由村组织的农田水利建设投资

完成额在此一层面上有较高载荷。

将 14 个指标的数据标准化,计算两个主成分的得分,并以两个主成分得分做散点图,得到图 2-1。

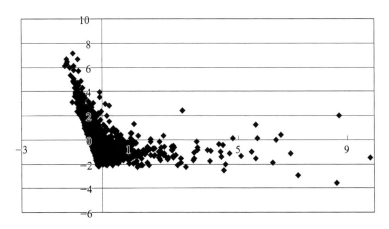

图 2-1　村庄生产发展主成分散点图

2. 生活水平改善方面

衡量生活情况所采用的数据有:全年获得国家救济救助资金总额、全年获得国家扶贫资金总额、通电的自然村数、能够接收电视节目的自然村数、通电话的自然村数、安装了有线电视的自然村数、参加农保的人数、领取农保养老金的人数、本村 50 平方米以上的综合商店或超市个数、房屋建筑面积、主房面积、宅基地面积、参加镇保的人数、按股分红支出、救济扶贫支出、领取征用地养老金的人数等。经主成分分析,结果见表 2-3 和表 2-4。

表 2-3　　　　　　　　　特征值与主成分贡献率

主成分	载荷平方和		
	特征值	方差贡献率%	累积贡献率%
1	5.155	32.219	32.219
2	1.866	11.662	43.881
3	1.588	9.927	53.807
4	1.291	8.071	61.878
5	1.054	6.585	68.463
6	1.001	6.258	74.722

表 2-4　　　　　　　　　　初始因子载荷矩阵

	主成分	
	1	2
通电的自然村数	0.912	0.119
通电话的自然村数	0.912	0.118
能够接收电视节目的自然村数	0.911	0.120
安装有线电视的自然村数	0.843	0.182
本村 50 平方米以上的综合商店或超市个数	0.037	0.069
全年获得国家救济救助资金总额	0.193	−0.131
全年获得国家扶贫资金总额	0.112	−0.133
房屋建筑面积	0.751	−0.037
主房面积	0.723	−0.074
宅基地面积	0.493	−0.095
按股分红支出	−0.073	0.198
救济扶贫支出	0.000	0.194
参加农保的人数	0.529	−0.458
领取农保养老金的人数	0.478	−0.550
参加镇保的人数	0.236	0.743
领取征用地养老金的人数	0.040	0.770

由表 2-3 和表 2-4 可以看出,第一主成分为生活设施主成分,通电的自然村数、通电话的自然村数、能够接收电视节目的自然村数、安装有线电视的自然村数、全年获得国家救济救助资金总额、全年获得国家扶贫资金总额、房屋建筑面积、主房面积、宅基地面积、参加农保的人数、领取农保养老金的人数以及参加镇保的人数在此层面具有较高载荷;第二主成分为基本生活保障主成分,本村 50 平方米以上的综合商店或超市个数、按股分红支出、救济扶贫支出以及领取征用地养老金的人数等在此层面具有较高载荷。

将16个指标的数据标准化,计算两个主成分的得分,并以两个主成分得分做散点图 2-2。

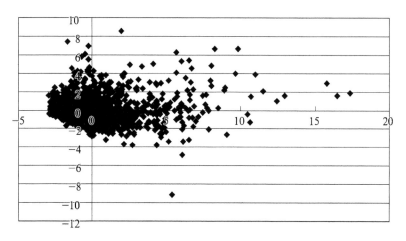

图 2-2　生活水平主成分散点图

由图 2-2 可见,上海农村在生活水平分异明显。

3. 村庄文明方面

衡量乡风文明所采用的数据有:体育健身场所数、幼儿园、托儿所数、有行医资格证书的医生、有行医资格证书的接生员、图书室文化站、农民业余文化组织、卫生室、2006 年 0—5 岁儿童死亡人数、2006 年孕产妇死亡人数、公益事业投资完成额、公益性支出以及福利事业支出。经主成分分析,结果见表2-5和表 2-6。

表 2-5　　　　　　　　特征值与主成分贡献率

主成分	载荷平方和		
	特征值	方差贡献率%	累积贡献率%
1	2.171	18.089	18.089
2	1.494	12.448	30.537
3	1.194	9.950	40.487
4	1.050	8.753	49.240
5	1.006	8.384	57.624

表 2-6   初始因子载荷矩阵

	主成分	
	1	2
幼儿园、托儿所数	0.401	0.014
体育健身场所	0.563	0.397
图书室文化站	0.608	0.361
农民业余文化组织	0.491	0.282
卫生室	0.265	0.363
有行医资格证书的医生	0.347	0.341
有行医资格证书的接生员	0.138	0.218
2006 年 0—5 岁儿童死亡人数	0.053	0.118
2006 年孕产妇死亡人数	0.043	0.004
公益事业投资完成额	0.275	−0.285
公益性支出	0.600	−0.638
福利事业支出	0.658	−0.573

由表 2-5 和表 2-6 可以看出,第一主成分为文教主成分,幼儿园、托儿所数、体育健身场所、图书室文化站、农民业余文化组织、有行医资格证书的医生、2006 年孕产妇死亡人数、公益事业投资完成额、公益性支出以及福利事业支出指标等在此层面有较高载荷;第二主成分为卫生健康主成分,卫生室、有行医资格证书的接生员、2006 年 0—5 岁儿童死亡人数指标有较高载荷。

将 12 个指标的数据标准化,计算两个主成分的得分,并以两个主成分得分做散点图 2-3。

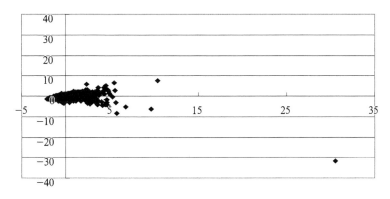

图 2-3 村庄乡村文明建设主成分散点图

4. 村庄环境方面

衡量村容整洁所采用的数据有:农村道路状况(由于普查时这几项均提供答案以供选择,因此将这几项的答案相加,乘以负号,将其数量化,从一个侧面显示农村道路情况)、农村卫生条件、沼气池个数、基础设施投资完成额、使用燃气的户数、生活垃圾集中收交覆盖户数以及生活污水管道排放覆盖户数。经主成分分析,结果见表2-7和表2-8。

表 2-7   特征值与主成分贡献率

主成分	载荷平方和		
	特征值	方差贡献率%	累积贡献率%
1	2.132	30.450	30.450
2	1.044	14.908	45.358
3	1.022	14.594	59.952
4	1.001	14.294	74.247

表 2-8   初始因子载荷矩阵

	主成分	
	1	2
农村道路状况	0.017	0.431
农村卫生条件	−0.193	−0.557
沼气池个数	−0.022	0.641
基础设施投资完成额	−0.004	−0.315
使用燃气的户数	0.915	0.006
生活垃圾集中收交覆盖户数	0.932	0.015
生活污水管道排放覆盖户数	0.624	−0.194

由表2-7和表2-8可以看出,第一主成分为环境主成分,农村卫生条件、基础设施投资完成额、使用燃气的户数、生活垃圾集中收交覆盖户

数以及生活污水管道排放覆盖户数等指标在此层面有较高载荷;第二主
成分为道路卫生主成分,农村道路状况和沼气池个数等指标在此有较高
载荷。

将7个指标的数据标准化,计算两个主成分的得分,并以两个主成分得
分做散点图,得到图2-4。

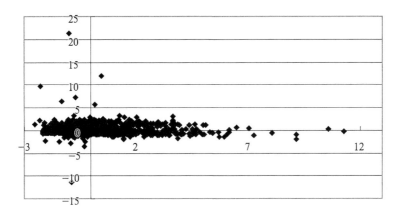

图2-4 村庄村容环境主成分散点图

5. 村庄管理方面

衡量管理民主程度所采用的农业普查数据有:管理距离(将相关几项数
据加和,得到的数据可以看作是衡量管理便利的指标,越小越好)、村务公开
情况、年末村干部人数、全年村委会办公经费支出(村民大会表决赋值4,董
事长决定赋值3,村干部讨论决定赋值2,这样综合起来可以认为数值越小,
管理民主程度越高)、村干部报酬支出、村民自治、管理费支出。经主成分分
析,结果见表2-9和2-10。

表2-9 特征值与主成分贡献率

主成分	载荷平方和		
	特征值	方差贡献率%	累积贡献率%
1	1.999	28.562	28.562
2	1.176	16.807	45.369

表 2-10   初始因子载荷矩阵

	主成分	
	1	2
管理距离	−0.300	0.328
全年村委会办公经费支出	0.352	−0.206
年末村干部人数	0.465	−0.168
村务公开情况	−0.293	0.658
村民自治情况	−0.251	0.563
村干部报酬支出	0.880	0.297
管理费支出	0.804	0.400

由表 2-9 和 2-10 可以看出,第一主成分为支出与干部主成分,全年村委会办公经费支出、年末村干部人数、村干部报酬支出以及管理费支出等指标在此层面有较高载荷;第二主成分为管理主成分,管理距离和村务公开情况以及村民自治情况等指标在此层面有较高载荷。

将 7 个指标的数据标准化,计算两个主成分的得分,并以两个主成分得分做散点图,得到图 2-5。

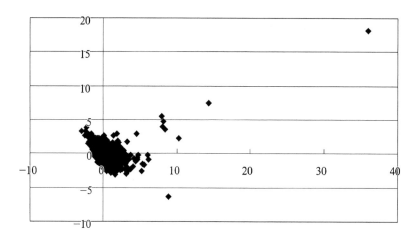

图 2-5   村庄管理主成分散点图

由图 2-5 可知,目前上海大部分农村的管理水平仍较低。

二、村庄发展的综合因素分析

本研究利用本次上海市农业普查的关于村的 56 个指标数据,运用主成分分析法,对 1 912 个村的新农村建设水平进行分析,得到表 2-11 和表 2-12。

表 2-11　　　　　56 个指标主成分分析特征值与主成分贡献率

主成分	载荷平方和		
	特征值	方差贡献率%	累积贡献率%
1	22.23	32.057	32.057
2	15.032	21.677	53.734
3	8.156	11.761	64.495
4	4.331	6.246	74.741
5	3.255	4.694	76.435

表 2-12　　　　　　　　　初始因子载荷矩阵

	主成分				
	1	2	3	4	5
本村户籍人口数	0.845	0.339	−0.151	−0.044	0.125
年末拥有耕地面积	0.863	−0.171	0.294	0.070	0.128
年末机电井数	0.313	−0.001	0.020	0.006	−0.074
本村能够使用的灌溉用水塘和水库数	0.229	0.016	−0.023	−0.002	−0.024
年末排灌站个数	0.896	−0.124	0.258	0.104	0.031
年末农业技术人员数	0.148	−0.009	−0.042	−0.018	−0.022
全年村集体收入	0.099	0.806	0.378	−0.525	0.025
年末村集体资产总额	0.129	0.875	0.384	−0.474	0.045
年末村集体负债总额	0.308	0.743	0.390	−0.537	0.048
年末村集体债权总额	0.106	0.877	0.378	−0.368	0.045
全年村集体固定资产投资完成额	0.196	0.491	−0.005	0.456	0.063
全年由村组织的农田水利建设投资完成额	0.144	−0.020	0.108	0.047	0.057

（续表）

	主成分				
	1	2	3	4	5
村级经济可支配收入	0.221	0.831	0.136	0.184	0.008
村级经济总支出	0.166	0.752	−0.045	0.322	0.012
通电的自然村数	0.848	−0.044	0.346	0.143	−0.310
通电话的自然村数	0.848	−0.043	0.345	0.143	−0.310
能够接收电视节目的自然村数	0.847	−0.044	0.346	0.144	−0.311
安装有线电视的自然村数	0.888	0.026	0.236	0.118	−0.380
本村 50 平方米以上的综合商店或超市个数	0.196	0.145	−0.164	−0.090	−0.132
全年获得国家救济救助资金总额	0.194	−0.026	0.074	0.013	0.080
全年获得国家扶贫资金总额	0.123	−0.034	0.036	0.001	0.030
房屋建筑面积	0.873	0.066	0.022	0.002	0.093
主房面积	0.850	0.046	0.031	−0.011	0.106
宅基地面积	0.793	0.063	0.022	0.028	0.126
按股分红支出	0.109	0.805	0.083	0.285	0.014
救济扶贫支出	0.025	0.473	0.087	−0.076	−0.067
参加农保的人数	0.748	−0.071	0.154	0.034	0.070
领取农保养老金的人数	0.689	−0.053	0.247	0.048	0.109
参加镇保的人数	0.508	0.133	−0.299	−0.101	0.007
领取证用地养老金的人数	0.327	0.228	−0.390	−0.076	−0.001
幼儿园、托儿所数	0.253	0.217	−0.189	−0.030	0.030
体育健身场所	0.273	0.223	−0.259	−0.173	−0.149
图书室文化站	0.159	0.265	−0.323	−0.098	−0.195
农民业余文化组织	0.048	0.210	−0.257	−0.098	−0.172

（续表）

	主成分				
	1	2	3	4	5
卫生室	0.320	0.052	−0.006	−0.019	−0.049
有行医资格证书的医生	0.452	0.123	−0.063	−0.006	0.002
有行医资格证书的接生员	0.085	0.020	−0.070	−0.022	−0.012
2006 年 0—5 岁儿童死亡人数	0.126	−0.013	0.028	0.016	0.020
2006 年孕产妇死亡人数	0.008	0.020	−0.056	−0.016	−0.027
公益事业投资完成额	0.025	0.259	−0.054	0.141	−0.029
公益性支出	0.053	0.855	−0.036	0.446	−0.009
福利事业支出	0.038	0.729	−0.152	0.306	−0.077
农村道路状况	0.136	−0.221	0.508	0.133	0.481
农村卫生条件	0.197	0.045	−0.091	−0.041	0.511
沼气池个数	0.011	−0.012	0.109	0.024	−0.407
基础设施投资完成额	0.036	0.753	−0.016	0.617	0.144
使用燃气的户数	0.847	0.132	−0.295	−0.123	0.199
生活垃圾集中收交覆盖户数	0.893	0.104	−0.257	−0.114	0.507
生活污水管道排放覆盖户数	0.784	0.220	−0.325	−0.096	−0.005
管理距离	0.136	−0.221	0.508	0.133	0.481
全年村委会办公经费支出	0.197	0.045	−0.091	−0.041	0.511
年末村干部人数	0.011	−0.012	0.109	0.024	−0.407
村务公开情况	−0.036	0.353	−0.016	0.617	0.144
村民自治情况	0.847	0.132	−0.295	−0.123	0.199
村干部报酬支出	0.893	0.104	−0.257	−0.114	0.207
管理费支出	0.484	0.220	−0.325	−0.096	−0.005

从表 2-11 和表 2-12 可以看出,第一主成分是综合主成分,在此层面,本村户籍人口数、通电的自然村数、年末排灌站个数、通电话的自然村数、年末拥有耕地面积、能够接收电视节目的自然村数、房屋建筑面积、主房面积、安装了有线电视的自然村数、参加农保的人数、领取农保养老金的人数、参加镇保的人数、卫生室、有行医资格证书的医生、使用燃气的户数、生活垃圾集中收交覆盖户数、生活污水管道排放覆盖户数、村民自治情况村干部报酬支出等指标的权重比较大。由此可见,第一主成分涉及环境卫生、生产保障、生活保障、居住、管理等主要方面,充分说明新农村建设是一个系统工程,各个方面在村庄的狭窄范围内相互联系,不能相互替代,其中耕地数量、排灌站个数和村干部报酬三个指标的权重超过 0.89,说明农村基础资源和设施、农村最主要的领导组织对推动人才的作用最大,其中的住宅建筑面积、主房面积和宅面积非常重要。

第二主成分为经济收入主成分,在此层面,全年村集体收入、年末村集体资产总额、年末村集体负债总额、村级经济可支配收入、村级经济总支出、按股分红支出、年末村集体债权总额、救济扶贫支出、公益性支出、全年村集体固定资产投资完成额、福利事业支出、基础设施投资完成额等指标的权重比较大。

第三主成分为管理与基础设施主成分,在此层面,通电的自然村数、管理距离、农村道路状况、能够接收电视节目的自然村数、安装有线电视的自然村数、全年村集体收入、通电话的自然村数、年末村集体资产总额、年末村集体负债总额、全年村集体固定资产投资完成额、年末村集体债权总额等指标的权重比较大。

第四主成分支出与村务公开主成分,在此层面,村务公开、基础设施投资完成额、公益性支出、福利事业支出、村级经济总支出、全年村集体固定资产投资完成额等指标的权重比较大。

第五主成分为环境主成分,在此层面,卫生条件、垃圾集中处理等指标的权重比较大。

将 56 个指标的数据标准化,计算前两个主成分的得分,并以两个主成分得分做散点图,得到图 2-6。

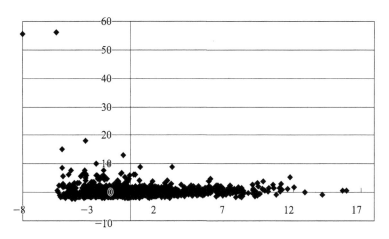

图 2-6　村庄综合发展水平主成分散点图

第二节　乡村发展与乡村居住

一、农村居住是乡村发展的关键显化指标

一般而言,经济发展水平越高的地区,家庭拥有住宅数量越多,住宅质量也会越高。因此,乡村居住的数量和质量与经济发展水平和阶段具有密切关系。目前我国经济发展水平呈现以上海等一线城市经济发展水平为最高,其次是东部地区,再次是中部地区,最后是西部地区。近年来东北地区因长期积累的重型工业结构和人口的不断流失,其经济发展水平有所下降且与西部平均水平大致相同。在如此经济格局的支持下,中国的农村地区农户拥有的住宅数量和质量大致与经济发展水平具有一致性。如 2016 年全国无住房的农户占 0.5%,其中东、中、西部地区这一比例分别为 0.3%、0.4% 和 0.9%。上海农村居民中无房户占到全部农户的 1.25%,低于北京的1.48% 和东部平均的 1.4%,但高于若干其他省区。如天津、重庆、广东、浙江、山东、河南、云南及中部、东北、西部等农村无房农户占全部农户的比重都低于 1%。

上海拥有 2—3 处住宅的农户占比为 38.7%,明显高于东部地区的17%、中部地区的 12.6%,高于全国的 12.5% 和西部的 9.7% 及东北的 5.3%

［见表 2-13（a）、表 2-13（b）和表 2-13（c）］。从房屋质量看，上海农村住房以砖混结构为主，占到全部农村住房的 88.5%；其次为钢混结构，占全部农村住房的 9.16%，两者合计达 97.66%。这高于北京、广东、天津、江苏、浙江等沿海省市的平均水平，大大高于全国 69.7% 的平均水平，也高于 73.6% 的东部平均水平、78.8% 的中部平均水平、60.4% 的西部平均水平及 53.1% 的东北平均水平。上海郊区农村砖木结构和竹草土坯住房很少，尚不足 2%［见表 2-13（a）、表 2-13（b）和表 2-13（c）］。

　　总体而言，推进农村集中居住需要重点改善除上海、北京等一线城市住宅质量的同时，应鼓励上海等发达地区农户有偿退出多余的住宅。中西部需要通过不同类型集中居住方式，推进优化宅基地资源的优化配置。

表 2-13（a）　　　上海市与部分省市农村居住的类型结构特征　　　单位：%

	上海	北京	天津	重庆	广东	江苏	浙江
按照是否拥有自有住房划分							
拥有自己住房	98.80	98.50	99.65	99.25	99.77	99.79	99.63
拥有商品房	30.74	12.62	9.91	17.22	9.88	17.92	14.39
没有自己住房	1.25	1.48	0.35	0.75	0.23	0.21	0.37
按照拥有住房的数量结构划分							
拥有 1 处住房	60.90	78.63	79.41	83.53	83.91	77.68	81.22
拥有 2 处住房	35.40	17.26	18.11	15.27	14.56	20.50	17.03
拥有 3 处及以上住房	3.30	2.63	2.13	0.45	1.30	1.62	1.38
按照住房结构划分							
砖（石）木	1.94	37.09	44.19	26.76	9.07	17.68	18.95
砖混	88.51	43.53	44.06	55.92	51.06	68.77	62.74
钢筋混凝土	9.16	19.23	11.19	10.76	39.05	13.21	17.18
竹草土坯	0.02	0.03	0.33	6.21	0.24	0.10	0.42
其他	0.37	0.11	0.22	0.35	0.58	0.24	0.70

　　资料来源：国家统计局，第三次农业普查，http://www.stats.gov.cn/tjsj/pcsj/nypc/nypc3/d3cqgnypchzsj.pdf。

　　周亚、朱章海，上海市第三次农业普查综合资料，2019。

表 2-13（b）　　　上海市与部分省市农村居住的类型结构特征　　　单位：%

	四川	山东	河南	湖南	黑龙江	新疆	云南
按照是否拥有自有住房划分							
拥有自己住房	99.07	99.86	99.78	99.42	99.02	99.20	99.39
拥有商品房	11.90	5.48	6.42	6.89	10.37	8.27	2.29
没有自己住房	0.93	0.14	0.22	0.58	0.98	0.81	0.61
按照拥有住房的数量结构划分							
拥有 1 处住房	86.90	85.14	88.19	91.50	95.32	87.36	93.63
拥有 2 处住房	11.66	13.51	10.73	7.54	3.50	10.93	5.48
拥有 3 处及以上住房	0.51	1.21	0.86	0.38	0.20	0.90	0.291
按照住房结构划分							
砖（石）木	30.44	38.42	15.63	21.79	30.00	53.03	36.74
砖混	47.71	55.03	72.48	63.46	54.10	26.92	37.63
钢筋混凝土	10.59	5.09	10.90	12.81	4.91	9.73	8.52
竹草土坯	8.16	1.31	0.57	0.86	8.81	8.58	8.61
其他	3.10	0.15	0.42	1.08	2.18	1.74	8.51

资料来源：国家统计局，第三次农业普查数据库，http://www.stats.gov.cn/tjsj/pcsj/nypc/nypc3/d3cqgnypchzsj.pdf。

周亚、朱章海，上海市第三次农业普查综合资料，2019。

表 2-13（c）　　　全国农村居民拥有房屋及差异情况　　　单位：%

	全国	东部	中部	西部	东北
按照拥有住房的数量结构划分					
拥有 1 处住房	87	82.7	87.9	89.5	93.9
拥有 2 处住房	11.6	15.6	11.9	9.2	5
拥有 3 处及以上处住房	0.9	1.4	0.7	0.5	0.3
无住房	0.5	0.3	0.4	0.9	0.8
按照住房结构划分					
砖（石）木	26	25.1	18.9	30.9	42.5
砖混	57.2	57.9	65.3	50.6	47.8
钢筋混凝土	12.5	15.7	13.5	9.5	5.3
竹草土坯	2.8	0.9	1.5	5.9	3.6
其他	1.4	0.5	0.8	3.1	0.9
拥有商品房农户占比	8.7	10.1	8.1	8.0	7.4

资料来源：国家统计局，第三次农业普查数据库。

上海的宅基地分布非常不均衡。上海郊区农村宅基地地点较密集的区域主要分布在奉贤、浦东新区、崇明、金山、松江、嘉定、宝山等区的农村,这些地区也是当前及未来相当长的时间里农村集中居住推进的重点(见图 2-7)。[①]

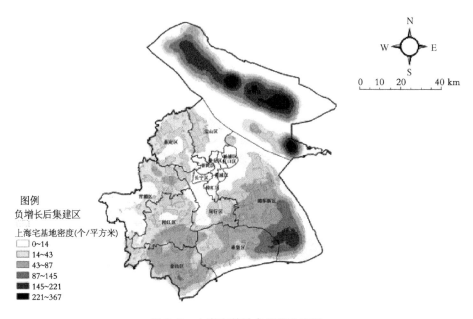

图 2-7   上海宅基地点空间分布图

资料来源:上海城策行建筑规划设计咨询有限公司、上海城市房地产估价有限公司,上海农民宅基地若干政策研究报告,2018-10。

二、村庄发展中有关农村居住的若干重大问题

1. 农业经营人员老龄化及村居零散化

首先,农业经营人员老龄化加速发展。如 2016 年上海 55 岁以上的农业经营人员占比为 63%,金山、闵行、宝山和松江大于 55 岁的农业经营人员占比更是接近 70%[见表 2-14(a)]。这些老年农业经营人员多以零散居住为主,部分农户因受支付能力和习惯等因素影响对农村集中居住的意愿不高。另外,老龄农业经营人员多为留守成员,而家庭年轻人员多以主要居住和生

---

① 上海城策行建筑规划设计咨询有限公司,上海城市房地产估价有限公司.上海农民宅基地若干政策研究报告[R].(2018-10-26).

活在城市为主,愿意搬离农村入住城市,年轻人员的流失自然带来了农村住宅的过剩和人均宅基地超标,易于造成"空心村"现象。就松江而言,农村居民中仅有 50.6% 的人居住在农村,且 70.3% 的为超过 60 岁的老人。在集镇或松江城区购买商品房的农户占到 90% 以上,超过一半(54.1%)的农民愿意搬进集镇居住。

其次,农村建设用地与居住用地比重过大,农民居住零散化。统计显示,2017 年上海的建设用地为 3 200 平方公里。其中行政村占用 700—800 平方公里,郊区集体建设用地总量约占全市建设用地的 35%。农村人均建设用地面积为 564 平方米,大大超过城市居民人均用地标准。上海郊区农村户籍人口占全市户籍人口的 10%,而农村宅基地面积占上海宅基地总面积的 45%,农村宅基地规模与农村户籍人口规模明显不相匹配。[1] 改革开放以来,国家十分重视国土规划和城市规划,但对村庄规划没有足够的重视。故长期以来,虽然上海农村居住政策力求不断集中,但管理与监督的持续跟进存在一些问题,村庄的住宅扩展呈现"野蛮生长",整体布局呈现零散与凌乱状态,如在松江区,仅 30 户和 50 户以下的零散的村庄宅基地分别占到 9.1% 和 17.3%。[2]

2. 农业经营人员的文化素质、机械化与村居布局

2016 年上海农业经营人员中仅有 9.2% 受过高中教育,3.1% 受过大专及以上教育,明显低于北京的对应指标。农业经营人员中受过专门技术培训的仅占 8.4%,低于全国 11.02% 的平均水平[见表 2-14(a)和 2-14(b)]。这充分表明上海农业经营人员的文化素不高。同时,普通农户的主要作物水稻和小麦的机播面积比重仅为 36.7% 和 15%,表明农户的平均经营的机械化水平较低。在文化素质和机械化水平的双重限制下,农村经营规模较小,农民生活居住在承包土地附近,农民与土地的时空关联十分密切,对上楼集中居住、异地归并等集中居住这类扩大农民和土地经营时空分割的政策实践形成较大的限制。

---

① 高骞,王丹.提高土地利用效率推动高质量发展[J].科学发展,2019(1):87-93.
② 高骞,王丹.提高土地利用效率推动高质量发展[J].科学发展,2019(1):87-93.

表 2-14(a)   2016 年上海市农业生产经营人员的若干特征   单位:%

地　区	55岁以上农业经营人员的比例	农业经营人员受高中教育的比例	农业经营人员受大专及以上教育的比例	农业经营人员中受过专业技术培训的比例	普通农户的主要作物机播面积比重(稻谷)	普通农户的主要作物机播面积比重(小麦)
全市	**63.0**	**9.2**	**3.1**	**8.4**	**36.7**	**15.0**
闵行区	68.8	12.6	4.2	6.3	87.0	—
宝山区	67.0	9.8	2.6	10.1	64.5	15.2
嘉定区	62.8	10.0	2.7	13.2	61.3	42.1
浦东新区	59.8	11.0	4.2	8.8	57.6	23.4
金山区	68.1	7.2	1.7	4.1	19.8	10.6
松江区	68	6.5	2.4	9.7	56.4	88.6
青浦区	61.7	6.6	1.9	5.0	15.5	6.6
奉贤区	62.8	6.9	2.6	9.4	38.1	17.4
崇明区	64.2	10.7	2.3	7.5	35.9	13.0

资料来源:周亚、朱章海,上海市第三次农业普查综合资料,2019:60,62,66,115。

3. 农业的组织程度不高且保险不发育

当前,上海农民合作社、专业协会、农业经营组织类型包括"公司＋农户"、土地托管和其他,但参与这些组织的农户比例较低。截至 2016 年底,上海除了规模农户参与农村合作社组织的比重达到 16.6％外,参与其他组织的规模农户和普通农户占比都低于 4％。从参与政策性保险和商业保险来看,上海所有农户家庭和农业经营单位参与农业政策性保险的比例仅为 5.4％,参与商业性保险的仅占 0.4％,如此低下的农业保险水平难以规避大规模经营产生的风险,而小规模分散经营难以有效支持农民集中居住(见表 2-15 和表 2-16)。从上海农民的医疗保险和其他商业保险来看,上海农民的保险能力也很弱。

表 2-14(b)　　　　上海与其他各省市区农业经营人员年龄与受教育情况

单位：%

地区	55岁以上农业经营人员的比例	55岁以上规模农业经营户农业生产经营人员的比例	农业经营人员受高中教育的比例	农业经营人员受大专及以上教育的比例	规模农业经营人员受高中教育的比例	规模农业经营人员受大专及以上教育的比例	农业经营人员中受过专业技术培训的比例	规模农业经营人员中受过专业技术培训的比例
全国	33.58	20.66	7.06	1.17	8.91	1.52	11.03	21.01
上海	62.97	49.87	9.18	3.13	5.69	1.44	8.4	21.34
北京	40.59	28.35	15.90	3.95	14.23	3.96	17.93	21.22
天津	36.13	25.33	9.01	1.65	8.62	1.91	8.51	18.22
重庆	45.04	25.92	4.51	0.87	8.53	1.68	11.60	27.49
江苏	48.70	37.58	8.20	1.14	9.91	1.46	16.30	29.74
浙江	53.98	37.12	6.60	1.15	6.71	1.14	9.38	23.90
广东	34.10	20.36	10.29	1.11	13.43	1.71	6.21	17.72
山东	36.22	22.96	7.95	1.11	10.47	1.26	6.57	20.38
河南	30.51	23.58	8.57	1.33	11.52	1.51	4.19	12.30
湖南	36.76	23.11	9.79	1.05	15.56	1.90	7.16	20.26
黑龙江	26.87	17.55	7.77	2.27	5.02	0.87	15.14	15.70
四川	38.06	24.16	4.34	0.86	8.22	1.89	18.55	27.70
辽宁	39.08	21.92	4.30	0.99	5.29	1.17	9.00	19.84
云南	20.58	12.16	4.35	1.06	6.49	1.40	21.66	32.20

（续表）

地　区	55岁以上农业经营人员的比例	55岁以上规模农业经营户农业生产经营人员的比例	农业经营人员受高中教育的比例	农业经营人员受大专及以上教育的比例	规模农业经营人员受高中教育的比例	规模农业经营人员受大专及以上教育的比例	农业经营人员中受过专业技术培训的比例	规模农业经营人员中受过专业技术培训的比例
新疆	15.96	8.04	6.51	1.94	7.70	1.69	39.17	35.46
河北	33.45	21.54	8.79	1.05	9.41	1.07	4.991	13.32
山西	36.28	25.18	9.48	1.19	13.00	1.32	7.43	15.79
陕西	35.22	22.41	9.44	1.73	12.66	2.49	14.46	28.54
福建	33.84	19.58	7.07	1.21	6.879 6	0.976 1	5.72	15.35
吉林	30.31	16.53	4.95	1.07	5.68	0.94	5.70	9.45
安徽	34.34	25.73	4.61	0.98	6.07	1.31	8.85	19.68
内蒙古	31.76	17.35	7.32	2.25	8.73	3.33	9.07	11.23
甘肃	22.61	14.37	6.58	1.48	8.37	1.81	17.02	23.68
广西	28.14	15.33	6.81	1.01	12.05	1.90	8.15	18.03
贵州	27.40	15.43	3.27	0.80	5.96	1.25	15.64	30.38
江西	31.94	20.04	6.57	0.83	9.68	1.24	9.72	22.85
海南	24.32	14.30	11.29	1.99	12.01	1.85	11.26	16.99
宁夏	21.047 9	13.189 9	6.06	1.60	8.476 5	2.130 6	13.622 5	19.600 7
青海	14.280 7	10.013 4	3.84	1.62	4.156 7	1.813 5	5.25	4.262 8
西藏	11.618 4	11.238 6	1.31	0.85	1.533 4	1.003 4	2.904 9	1.790 5
湖北								

资料来源：第三次农业普查。

表 2-15　　　　上海市普通农户参加新型农业经营组织的比重　　　单位:%

类型\地区	公司＋农户		农民合作社		专业协会		土地托管		其他	
	普通农户	规模农户	普通农户	规模农户	普通农户	规模农户	普通农户	规模农户	普通农户	规模农户
全市	**0.2**	**3.6**	**1.4**	**16.6**	**0**	**1.1**	**1.8**	**0.6**	**0.8**	**5**
闵行区	0.1	16.7	0.2	62.5	0	4.2	0.1	0	0.2	4.2
宝山区	0	0	2.7	8.3	0	0	0	0	0	8.3
嘉定区	0.3	1.3	2.9	40	0	3.6	5.4	0.4	0.1	1.1
浦东新区	0.5	8	3.6	19.3	0	4.5	1.9	3.2	1.2	11
金山区	0	0.2	0	7.9	0	0.7	0	0.5	0	6.2
松江区	1.1	12.9	0.4	39.2	0	0.5	0.6	0	0	3.5
青浦区	0	0.7	0.2	7.1	0	0.2	3.8	0	0.4	4.1
奉贤区	0	2.5	0.8	9.5	0	1.2	1.5	1.1	0	5.5
崇明区	0	0.6	0.7	11.1	0	0.7	1.7	0.3	1.5	4.6

资料来源:周亚、朱章海,上海市第三次农业普查综合资料,2019:170-171。

表 2-16　　　　上海市农户和农业经营单位参加农业保险的比重　　　单位:%

类型\地区	农户与农业经营单位		普通农户		规模农户		农业经营单位	
	政策性保险	商业性保险	政策性保险	商业性保险	政策性保险	商业性保险	政策性保险	商业性保险
全市	**5.4**	**0.4**	**4.7**	**0.3**	**44.9**	**3.8**	**34.7**	**9.4**
闵行区	0.7	0.5	0.1	0.4	91.7	0	53.5	6
宝山区	1.7	0.3	1.3	0.3	37.5	0	40.7	6.8
嘉定区	2.3	0.1	1.6	0	40.4	2.9	26.6	8
浦东新区	3.9	0.2	3.4	0.1	54.6	4.3	38.2	7.1
金山区	3.3	0.4	2.0	0.2	55.3	4.8	46.7	13.8
松江区	3.8	0.6	0.6	0.4	90.1	3.4	38.4	17.3
青浦区	1.2	0.1	0.6	0	13.4	0.8	24.8	11.5
奉贤区	15.5	0.9	14.8	0.8	42.1	4.5	42.2	14.2
崇明区	6.1	0.3	6.0	0.3	20.7	6.0	23.4	5.9

资料来源:周亚、朱章海,上海市第三次农业普查综合资料,2019:176-179。

这种在农业与农户组织薄弱和保险覆盖较低的情况下,农户家庭将宅基地和住宅看作最为重要的生活保障品,农户不愿意轻易移动或退出。对处于大都市的上海农村来说,许多农村住宅具有动迁或高价补偿退出的机会,农户对宅基地及住宅的升值预期很高。因此,在政策宣传和配套制度不完善情况下,大力推进乡村集中居住,要想让农户积极参与农村集中居住和退出多余宅基地可能损及农户福利保障水平。这也是农户对推进农村集中居住意愿不高的重要原因之一。

4. 农村集中居住对村镇形成巨大的资金压力

农村集中居住需要大量的资金支持。如 2013 年,上海对下辖的永丰、荡湾、汤村、泾德、大港等 5 个行政村进行了迁村进镇的改造工作,除了配套居住资金外,还需要政府投入约 6.44 亿元,解决了约 7 000 名农民的城镇社保,年投入约 900 万元资金对因政策性因素无法取得镇保的 2 000 余名农民发放补贴。① 对闵行、嘉定、金山、浦东的调查表明,对于一个 1 000 户的平移和上楼模式的农村集中居住项目大致需要 8.4 亿元和 28 亿元,其中需要乡镇提供的支持资金分别为 3.4 亿元和 14.5 亿元,而镇政府一年的收入大多在几亿元。如 2017 年,上海 93 个镇中年财政收入超 20 亿元的有 18 个镇,年财政收入在 10 亿—20 亿元的有 14 个镇,年财政收入 10 亿元以下的有 61个镇(其中 34 个不超过 5 亿元/年)(见表 2-17)。可见,推进农村集中居住过程中,若让乡镇支持几亿到几十亿元的资金,这对乡镇的压力很大,对于许多乡镇来说无法可持续实施与发展。

5. 村庄环境设施和文娱设施欠账较多

农村集中居住需要提高现代农业水准与生态环境效益,需要营造乡村旅游文化氛围,需要现代化的交通运输设施保障交通运输的可达性和较低运费,还需要规范的餐饮服务、医疗卫生服务及文化教育服务设施的支持。就目前来看,上海农村环境污染尚未得到完全有效控制,如上海目前有污水处理设施的村仅占全部村的 3.2%,大多数村的污水没有得到充分处理(见表 2-18)。

---

① 叶红玲.大都市近郊的乡村形态——上海松江农村土地制度改革试点思考[J].中国土地,2018(7):10-15.

表 2-17　　　　　　2017 年上海市部分涉农镇的财政收入　　　　单位:亿元

宝山区		庄行镇	4.8	小昆镇	4.5	高桥镇	28.0

宝山区		庄行镇	4.8	小昆镇	4.5	高桥镇	28.0
罗店镇	7.5	金汇镇	8.6	崇明区		北蔡镇	36.6
大场镇	9.9	四团镇	3.4	城桥镇	2.4	合庆镇	17.5
杨行镇	8.9	青村镇	7.8	堡镇	1.1	唐镇	37.4
月浦镇	10.9	柘林镇	5.6	新河镇	1.0	曹路镇	29.3
罗泾镇	4.0	海湾镇	2.7	庙镇	2.2	金桥镇	29.1
顾村镇	8.1	海湾旅游区	1.4	竖新镇	0.7	高行镇	26.3
高境镇	3.9	松江区		向化镇	0.8	高东镇	28.1
庙行镇	3.1	岳阳街道	2.6	三星镇	0.9	张江镇	20.5
淞南镇	3.3	永丰街道	8.9	港沿镇	1.1	三林镇	39.9
嘉定区		方松街道	3.8	中兴镇	0.8	惠南镇	14.1
菊园新区管委会	6.7	中山街道	7.6	陈家镇	2.4	周浦镇	22.1
南翔镇	25.2	泗泾镇	6.2	绿华镇	0.6	新场镇	8.3
安亭镇	34.9	佘山镇	7.8	港西镇	1.4	大团镇	4.8
马陆镇	24.2	车墩镇	7.1	建设镇	1.3	康桥镇	29.8
徐行镇	6.4	新桥镇	11.6	新海镇	0.6	航头镇	13.5
华亭镇	2.0	洞泾镇	4.4	东平镇	0.5	祝桥镇	53.0
外冈镇	8.2	九亭镇	8.5	长兴镇	9.5	泥城镇	19.8
江桥镇	9.6	泖港镇	4.1	新村乡	0.8	宣桥镇	7.0
奉贤区		石湖荡镇	5.1	横沙乡	8.7	书院镇	8.9
南桥镇	9.6	新浜镇	3.0	浦东新区		万祥镇	9.4
奉城镇	5.6	叶榭镇	2.6	川沙新镇	21.9	老港镇	8.2

资料来源:根据各区统计年鉴整理。

表 2-18   上海市各镇有生活污水经过集中处理的村   单位:个;%

市镇	有污水处理设施的村	全部村个数	有污水处理的村占比	市镇	有污水处理设施的村	全部村个数	有污水处理的村占比
全市	950	29 941	3.2	北蔡镇	9	81	11.1
闵行区	124	833	14.9	合庆镇	28	250	11.2
新虹街道	6	6	100	唐镇	17	138	12.3
浦锦街道	13	113	11.5	曹路镇	21	163	12.9
莘庄镇	2	2	100	金桥镇	0	5	0
七宝镇	7	43	16.3	高行镇	1	2	50
颛桥镇	10	40	25	高东镇	2	42	4.8
华漕镇	16	99	16.2	张江镇	1	159	0.6
梅陇镇	15	85	17.6	三林镇	10	154	6.5
吴泾镇	8	11	72.7	惠南镇	29	481	6
马桥镇	10	80	12.5	周浦镇	10	295	3.4
浦江镇	37	354	10.5	新场镇	12	320	3.8
宝山区	92	595	15.5	大团镇	16	489	3.3
罗店镇	19	135	14.1	康桥镇	7	99	7.1
大场镇	5	29	17.2	航头镇	12	409	2.9
杨行镇	16	100	16	祝桥镇	29	732	4
月浦镇	12	95	12.6	泥城镇	11	152	7.2
罗泾镇	21	101	20.8	宣桥镇	10	209	4.8
顾村镇	15	123	12.2	书院镇	9	590	1.5
嘉定区	86	1 734	5	万祥镇	0	353	0
菊园新区管委会	2	2	100	老港镇	7	524	1.3
南翔镇	7	81	8.6	金山区	32	6 608	0.5
安亭镇	24	213	11.3	朱泾镇	1	504	0.2
马陆镇	14	193	7.3	枫泾镇	9	314	2.9
徐行镇	4	587	0.7	张堰镇	3	1 028	0.3
华亭镇	7	369	1.9	亭林镇	6	1 159	0.5
外冈镇	7	207	3.4	吕巷镇	1	867	0.1
江桥镇	16	64	25	廊下镇	5	656	0.8
嘉定工业区	5	13	38.5	金山卫镇	2	681	0.3
浦东新区	280	6 696	4.2	漕泾镇	0	366	0
川沙新镇	25	973	2.6	山阳镇	2	787	0.3
高桥镇	14	72	19.4	金山工业区	3	246	1.2

（续表）

市镇	有污水处理设施的村	全部村个数	有污水处理的村占比	市镇	有污水处理设施的村	全部村个数	有污水处理的村占比
松江区	92	1 202	7.7	奉贤区	55	4 921	1.1
永丰街道	5	5	100	西渡街道	6	215	2.8
中山街道	2	2	100	南桥镇	10	420	2.4
广富林街道	1	1	100	奉城镇	1	657	0.2
泗泾镇	5	5	100	庄行镇	10	622	1.6
佘山镇	12	131	9.2	金汇镇	6	557	1.1
车墩镇	6	217	2.8	四团镇	7	536	1.3
新桥镇	3	3	100	青村镇	4	762	0.5
洞泾镇	4	4	100	柘林镇	8	979	0.8
九亭镇	1	1	100	海湾旅游区	1	3	33.3
泖港镇	14	189	7.4	金海社区	1	57	1.8
石湖荡镇	10	80	12.5	海港开发区	1	113	0.8
新浜镇	11	61	18	崇明区	51	5 823	0.9
叶榭镇	13	485	2.7	堡镇	7	137	5.1
小昆山镇	5	18	27.8	新河镇	0	277	0
青浦区	138	1 529	9	庙镇	6	720	0.8
夏阳街道	8	61	13.1	竖新镇	7	405	1.7
盈浦街道	3	20	15	向化镇	1	152	0.7
香花桥街道	10	109	9.2	三星镇	3	810	0.4
朱家角镇	23	163	14.1	港沿镇	6	376	1.6
练塘镇	25	95	26.3	中兴镇	1	229	0.4
金泽镇	30	120	25	陈家镇	2	338	0.6
赵巷镇	8	165	4.8	绿华镇	2	114	1.8
徐泾镇	12	63	19	港西镇	3	312	1
华新镇	19	287	6.6	建设镇	6	447	1.3
重固镇	0	129	0	长兴镇	0	604	0
白鹤镇	0	317	0	新村乡	1	113	0.9
				横沙乡	6	384	1.6

资料来源:上海市第三次农业普查领导小组办公室、上海市统计局、国家统计局上海调查总队,上海市第三次农业普查综合资料数据库。

　　从燃料、电子商务、文化设施、医疗和餐饮等方面看,目前上海通天然气的村仅占14.3%,具有电子商务配送点的村占16.4%,具有幼儿园和托儿所的村占12.7%,有农民业余文化组织的村占比65.2%,有执业(助理)医师的村占比为69.6%,有营业执照的餐馆占比为28.6%(见表2-19)。可见上海农村的生产生活配套设施因受零散居住等影响,配套率很低,居民的村域生产生活无法充分享受现代技术和服务的广泛支持,通过加速农村集中居住,配套现代生产生活设施,让农村居民享受现代技术和经济发展的成果具有重要的意义。当然,这些生产生活设施的配套需要大量资金支持和制度支持,这对当前推进农村居住相对集中形成巨大挑战。

6. 农村居住空间亟待优化

　　城市经济发展带来的村居老化、村庄布局的分割与规划不足导致村居"自由蔓延",致使村居布局劣化,亟待村居更新和集中布局。上海村居大多建于1980—1990年,随着科技经济的发展及工业化、城镇化加深,上海郊区农村的社会、经济、文化、生态、空间结构和景观风貌都发生了巨大的变化。上海自20世纪90年代以来不同程度地停批新增宅基地,许多农民房屋已老化破旧,甚至成为危房;许多村庄因上海城区的扩展和基础设施建设被高速公路、高速铁路、高压线穿越,成为"三高"沿线区;有些房屋被划为环境综合整治区或者处于环境综合整治的边缘或被划为生态敏感区,这些村庄或房屋基本不再宜居,需要防护、搬迁。由于乡村长期缺乏规划,居住地"自由"建设、房屋"野蛮"生长、景观凌乱、土地资源浪费、基本生产生活设施不足、环境品质亟待提升等问题突出。① 这些急需科学规划与村居集中布局来综合整治与优化。

　　总体而言,村居老化、零散布局、空间结构劣化与宜居性显著降低等急需农村居住的更新与集中,但农业经营人员呈老龄化,文化素质和经营技术不高,农业组织化程度低,保险意识弱,资金压力和村庄基础设施建设压力巨大等成为制约快速、高效推进农村集中居住的重要因素。

---

① 薛艳杰.大都市郊区农民集中居住探索[EB/OL].(2020-01-25).http://www.yangtse.com/zncontent/233310.html.

表2-19 上海市部分村级基础设施现状

单位：%

地 区	通天然气的村占比	有电子商务配送点的村占比	生活污水部分或全部集中处理的村占比	有幼儿园托儿所的村占比	有体育健身场所的村占比	有路灯的村占比	有农民业余文化组织的村占比	有卫生室的村占比	有执业（助理）医师的村占比	有50平方米以上商店或超市的村占比	有营业执照的餐馆占比
全 市	14.3	16.4	60.0	12.7	81.8	84.1	65.2	79.3	69.6	53.0	28.6
闵行区	18.2	18.9	93.9	12.1	58.3	93.9	56.8	61.4	49.2	32.6	12.1
宝山区	8.2	22.4	93.9	16.3	61.2	85.7	35.7	63.3	51.0	54.1	33.7
嘉定区	33.3	31.3	59.7	18.8	75.7	90.3	58.3	62.5	52.8	58.3	29.2
浦东新区	19.8	16.3	77.1	14.6	82.1	90.4	79.1	78.2	72.2	53.2	27.8
金山区	6.6	13.1	26.2	9.8	91.8	76.2	82.8	94.3	89.3	73.0	49.2
松江区	29.5	10.5	87.6	15.2	77.1	76.2	38.1	81.9	70.5	65.7	33.3
青浦区	13.7	14.3	75.8	12.6	90.1	83.0	63.7	93.4	76.4	80.2	28.0
奉贤区	4.1	16.0	32.5	13.0	84.6	79.9	65.7	87.6	72.8	46.2	27.2
崇明区	1.1	10.8	19.0	6.0	93.7	76.9	68.3	82.1	76.1	31.3	25.4

资料来源：周亚、朱章海，上海市第三次农业普查综合资料，2019。

第三章 上海推进农村集中居住的政策与形势分析

第一节 农村集中居住推进的实践进程及政策效应

一、农村集中居住相关政策进展

推进农村居住相对集中是上海深化土地制度改革、保护耕地资源、优化村镇布局、改善农村生活条件[①]、激发乡村发展活力、加强乡村集约发展的必然要求。与传统的居住方式不同,农村集中居住是着眼当前,面向未来,充分考虑社会经济环境和自然资源环境,以土地流转、土地制度创新、集中居住的实现和开发模式创新为动力,以各种优惠政策为引导,改善农村生产生活水平为目标。推进农村集中居住还可以提高土地资源利用效率,宅基地利用效率,提高农民收入水平,缩小城乡差距[②],推动乡村振兴战略,促进城乡融合发展。

长期以来,上海各级政府十分重视农村居住相对集中工作。如20世纪80年代以来,上海的农村集中居住政策呈现逐步推进、不断发展的基本过程。基于1982年国务院发布的《村镇建房用地管理条例》,上海市于1983年

---

① 赵宏彬,宋福忠.国内外农民相对集中居住的引导经验[J].世界农业,2010(12):39-43.
② 彭慧,舒廷飞.中国农村农民集中居住初步研究[J].安徽农业科学,2008,36(9):8339-8340.

出台了《上海市村镇建房用地管理实施细则(试行)》,首次明确了上海市郊县农村村庄、国营农场、林场、牧场和乡(或公社)以下的集镇建房用地管理政策,具体要求包括统一规划、明确用地限额、明确审批权限、明确管理机关和职责等。这可以看作上海农村集中居住推进的起点,比其他省市都早。20世纪90年代江苏省开始以"三集中"作为工作起点,浙江紧随其后于2003年也开始村庄整合。①

1990年上海市出台《上海市农村宅基地有偿使用收费办法(供试点用)》(以下简称《办法》)试点宅基地有偿使用。《办法》界定了农村宅基地是指上海市范围内的农民和居民自有住宅所使用的集体所有的土地。《办法》规定农村宅基地实行有偿使用,并规定宅基地使用费收入中90%留给本村用于公共设施建设,另外10%用于宅基地管理和业务费用。②《办法》还规定对农村个体工商户使用的非宅基地范围的生产经营性用地实行有偿使用。

1992年上海市出台《上海市农村个人住房建设管理办法》,明确了上海市农民自行新建、迁建、扩建、改建和翻建住房等农村个人住房建设管理政策,首次提出"农村个人建房用地实行有偿使用制度"。该《办法》还规定:申请购买本集体经济组织内的他人房屋的农户必须符合农村个人建房用地条件;农村房屋扩建时,该房屋居住农户必须具有本村民小组户口。

在《上海市土地利用总体规划(1997—2010)》中明确提出"搞好'三个集中',实行对土地资源的集约利用"。③进入21世纪,上海在全国率先进一步提出并推进"三个集中",其中,"农民居住向城镇集中"则是"三个集中"的重要内容之一。

2003年,上海市政府编制了《上海加快推进"三个集中"行动纲要》,2004年制定了《上海推进"三个集中"行动计划》方案,并基于这些"行动纲要和行动计划"对推进"三个集中"进行了多方面的政策设计。上海还先后出台了《关于本市实施〈中华人民共和国农村土地承包法〉的若干意见》《关于全面推进农村税费改革试点工作的意见》《关于鼓励本市村民宅基地让出给农村

---

① 朱珊.农民集中居住前后福利变化研究——以湖北鄂州、仙桃为例[D].华中农业大学硕士论文,2014:3.

② 廖洪乐.中国农村土地制度六十年:回顾与展望[M].北京:中国财政经济出版社,2008.

③ 上海市土地利用总体规划(1997—2010),https://wenku.baidu.com/view/df8c19c4aa00b52acfc7ca42.html.

集体经济组织实施细则》《关于本市继续加大对农村合作医疗扶持力度的通知》《上海市小城镇社会保险制度的实施方案》（简称"镇保"）《关于开展村级集体经济组织股份合作制试点的意见》《关于鼓励上海市农村居民进镇购买商品房推行住房抵押贷款的实施意见》《关于鼓励郊区村民参与集中统一建房的若干意见》《关于设立市级工业园区综合评价指标意见的通知》《关于推进禁养区畜禽养殖场土地垦复的实施意见》等多项政策，并建立了协调、督查、推进和反馈的后评估机制，进一步推进并保证"三个集中"的重点政策落地起效，力求该政策群的先发效应和集聚效应。①

2003年上海市计委、上海市农委、上海市房地资源局制定了《关于鼓励上海市村民宅基地让出给农村集体经济组织实施细则（试行）》，通过返还新购商品房取得部分出让金、支付宅基地复垦的耕地开垦费等措施，鼓励村民让出宅基地。但由于补偿过低、户籍制度和社会保障不健全等，实施效果并不理想。

2004年上海制定了《关于本市郊区宅基地置换试点若干政策意见》和《关于加强土地管理，促进本市郊区宅基地置换试点的操作意见》，并确定了15个宅基地置换试点基地开启了农民宅基地置换工作。②

2004年上海在郊区农村进行宅基地置换试点。一是按照"等量置换、等价交换"原则置换农民宅基地及其房屋。对原宅基地房屋按照动拆迁补偿标准进行公开评估、作价补偿，对新建国有土地商品房按照建设成本核定价格，基本上做到拆一还一、农民少出钱或不出钱，与动迁安置政策有一定衔接。二是按照"有条件与'镇保'联动"的试点指导意见，试点区域内农业人员经与集体经济组织协商一致，在自愿将承包的土地退还给集体经济组织后可享受上海市被征地人员参加镇保的有关政策，或参照上海市征地养老政策，享受相应的社会保障。开展宅基地置换试点工作的，涉及松江区佘山镇、嘉定区外冈镇等11个乡镇，共签约搬迁农户9400户。以嘉定区外冈镇为例，通过"宅基地换住房、承包地换保障"推进置换，在尊重农民意愿的前

---

① http://www. shanghai. gov. cn/shanghai/node2314/node11019/node11023/userobject31ai 924.html.

② 陆玉兰.上海市农民宅基地置换思考与探索——以奉贤区四团镇为例[J].安徽农业科学，2017,45(15):184-186.

提下共置换农户 1 128 户。^①

2004 年中央 1 号文件对于农村合并和集中居住的基本实现是鼓励有条件的村庄进行村庄合并。

2007 年中央 1 号文又一次提出:"治理农村人居环境,搞好村庄治理规划和试点,节约农村建设用地。"这预示着村庄规模化已成中国农村发展的基本趋势,华东地区的山东、江苏、上海和浙江等基层政府开始逐步推进村庄兼并和居住集中。

2007 年上海市人民政府颁布《上海市农村村民住房建设管理办法》,对宅基地的面积标准进行了进一步规范,进一步明确了资格审查、行政审批程序,提出了集体建房管理办法。该《办法》规定农村村民一户只能拥有一处宅基地,其宅基地的面积不得超过规定标准。政府相关部门对农户建房管理和技术服务必须尊重农民生活习惯,兼顾安全、经济、适用和美观,注重建筑质量,完善配套设施,落实节能节地要求,体现乡村特色。该《办法》明确了那些原有住房出售、赠予他人,或者将原有住房改为经营场所,或者已参加集体建房的农户将无法重新申请建房资格。

2009 年,上海市出台《关于上海市实行城乡建设用地增减挂钩政策推进宅基地置换试点工作的若干意见》,提出运用城乡建设用地增减挂钩这一政策工具,在符合规划和土地用途管制的前提下,坚持"两平衡一尊重"原则,盘活农村存量建设用地资源,允许腾挪出来的用地指标在区县域范围内异地使用,也允许在确保农民安置的前提下按规划用于经营性建设用地开发以平衡投入成本。

2010 年,上海市出台《关于上海实行城乡建设用地增减挂钩政策推进农民宅基地置换试点工作的若干意见》。该意见规定若干筹集资金的办法,如按照增减挂钩政策可以从新增耕地指标获得补偿,可以将节余建设用地指标流转建商品房出售筹集资金等。

2011 年 11 月,上海颁布《上海市国有土地上房屋征收与补偿实施细则》(市政府令第 71 号),同时废止 2001 年 10 月 29 日发布的《上海市城市房屋拆迁管理实施细则》、2006 年 7 月 1 日发布的《上海市城市房屋拆迁面积标

① 倪益军,郭丹丹.上海市郊区宅基地置换试点规划工作[J].上海城市规划,2005(6):18-27.

准房屋调换应安置人口认定办法》(上海市人民政府令第61号)。"市政府令第71号"规定施行前已经核准的房屋拆迁许可证项目,继续有效,政府不得责成有关部门强制拆迁,但实际操作中出现补偿差距过大等问题。①

2014年国务院办公厅《关于改善农村人居环境的指导意见》(国办发〔2014〕25号),上海市政府办公厅于2014年2月印发《转发市农委关于进一步完善上海市农民宅基地置换政策意见的通知》(沪府办发〔2014〕12号)。该通知规定宅基地置换试点中市级土地出让金结算基数从原来的150万元提高到400万元。同时,市政府批准了奉贤区庄行镇、金山区廊下镇等的宅基地归并试点,让农民基本不出钱住上集中居住区的新房,在保证居住条件、环境以及公共服务设施配套水平得到改善的基础上实现农民集中居住。

2015年由市委重点调研课题成果转化形成的《关于推动新型城镇建设促进本市城乡发展一体化的若干意见》(沪委发〔2015〕2号文)提出"慎重稳妥推进农村宅基地制度改革,合理安排农村住宅用地,鼓励和引导农民向新市镇、集镇集中居住"。《关于推动新型城镇建设促进本市城乡发展一体化的若干意见》的21项配套政策文件之一《关于加强本市宅基地管理的若干意见(试行)》(沪规土资乡〔2015〕49号)规定,新建农村村民住房原则上要以集体建设的方式实施,农村住宅用地要在新市镇、小集镇规划建设用地范围内集中安排,不再分散布点,鼓励结合镇区集中建设多高层公寓式农村村民住房,积极推进"三线"沿线宅基地置换。

2015年出台了《关于加强上海市宅基地管理的若干意见》,提出建立满足农村村民居住需求的多种住宅保障形式,健全完善农村村民住房配置方式,提供多种形式,村民自愿选择,以及集体建房和普通商品房保障实施要求,还提出引导存量宅基地自愿退出、推动宅基地有偿使用和推进"三高"沿线宅基地置换的工作要求。

2016年上海市政府又印发《关于促进本市农民向城镇集中居住的若干意见》(沪府〔2016〕39号),启动了新一轮农民集中居住工作。对符合一定条件的农民集中居住项目提高了市级资金、土地等支持力度。

2018年以来,市委、市政府针对新时代、新使命、新任务的要求,多次召

---

① http://blog.sina.com.cn/s/blog_7a5f7d460102vmti.html.

开专题会,研究制定深化完善推进农民相对集中居住政策,对《关于进一步推进本市农民相对集中居住工作的若干意见》再次进行完善和修改。经过 20 多年的努力,上海针对郊区城镇和自然村分布散、功能弱、水平低等问题,通过出台系列政策和文件,采取多项措施,农村居住相对集中工作取得了一定成效。

2018 年上海市政府连续颁布了《关于贯彻〈中共中央、国务院关于实施乡村振兴战略的意见〉的实施意见》(沪委发〔2018〕7 号)《上海市乡村振兴战略规划(2018—2022)》《上海市乡村振兴战略实施方案(2018—2022)》。

近十年来,上海关于农村居民建设住房管理主要依照 2007 年的《上海市农村村民住房建设管理办法》,该政策滞后性日趋加重,远远不能满足当前农民宅基地管理的现状需求,不能有效支持农村振兴,亟须出台市级层面农村宅基地管理的相关规定。

2019 年中央 1 号文件提出,"稳慎推进农村宅基地制度改革,拓展改革试点,丰富试点内容,完善制度设计,研究起草农村宅基地使用条例"。基于该 1 号文件,农业部继续推进农村宅基地改革深化,在修订《土地管理法》并制定科学的农村宅基地使用条例,让农村宅基地管理真正建立在专门的法规基础之上,完善农村宅基地规制,确保村民宅基地权益,进而推动宅基地的有偿退出和集中居住优化。2019 年 1 月,中央农办、农业农村部、自然资源部、国家发展改革委、财政部印发《关于统筹推进村庄规划工作的意见》(农规发〔2019〕1 号),要求地方政府发挥农民的主体作用,依据村庄特征,将集中居住村庄划分为集聚提升类、城郊融合类、特色保护类、搬迁撤并类和观察待定类等五种类型,重视村庄的统筹规划,提高土地的有效配置和效率提升,推进农村集中居住发展。① 基于这一系列的中央政策,2019 年 5 月 5 日《上海市农村村民住房建设管理办法》(上海市人民政府第 16 号令,以下简称"16 号令")颁布实施。该政府令规定 5 人及以下户宅基地面积不超过 140 平方米,建筑占地不超过 90 平方米;6 人及以上户宅基地面积不超过 160 平方米,建筑占地不超过 100 平方米。

2019 年 5 月《关于切实改善本市农民生活居住条件和乡村风貌进一步

---

① 农业农村部新闻办公室.中央农办 农业农村部、自然资源部、国家发展改革委、财政部关于统筹推进村庄规划工作的意见(农规发〔2019〕1 号)[EB/OL].(2019-01-04).http://www.moa.gov.cn/ztzl/xczx/zccs_24715/201901/t20190118_6170350.htm.

推进农民相对集中居住的若干意见》(沪府规〔2019〕21号,以下简称"21号文")颁布,其目标是优化土地资源配置、集约节约土地、改善农村人居环境、激发乡村发展活力,进而有效实施乡村振兴战略,加快城乡融合发展,提高农民生活水平。

2019年8月我国新版《土地管理法》在十三届全国人大常委会第十二次会议表决通过。新土地管理法重要的修订内容聚焦在三大方面:土地征收、农村宅基地管理制度改革和集体经营性土地入市。按照新的土地管理法,停止单宗分散的宅基地分配,要求统一规划建房,通过建设农村公寓、农村住宅小区等形式实施"一户一宅"政策,推动农村宅基地的流转和有偿退出,即通过实施宅基地"三权分置",放活宅基地的使用权限,采取激励措施让农户将闲置的住宅自愿有偿退出,促进宅基地的转让、流转以大幅度提高宅基地或住宅的使用效率。上海也在积极推进和出台新版《土地管理法》下土地管理和宅基地管理的新政策。

总体而言,虽然上海农村住户、宅基地规模不大,但上海一直走在农村宅基地改革的前沿,若干改革总是先行先试,取得了许多改革项目的成功,获得了很多宝贵的经验和教训。2019年以来上海市住建委牵头,联合市乡村振兴办、市发展改革委、市规划资源局成立了专门工作组,加强了农村集中居住工作机制,印发了《本市农民相对集中居住工作流程》《上海市农民相对集中居住项目实施方案编制指南》和《农民相对集中居住政策问答》,针对奉贤、嘉定、浦东、崇明、金山、宝山、青浦、闵行和松江9个涉农区级近百个乡镇举办了若干农村集中居住相关政策培训班,规范农村集中居住政策审核与操作流程,加强农村集中居住政策的基层宣传,提高农民及相关主体参与农村集中居住的积极性,提高农村集中居住工作推进效率,最大限度地释放农村集中居住政策的多重红利。①

二、农村集中居住的实践及其效应评价

进入20世纪90年代,全国兴起的新农村建设逐步开启了以中心村建设

---

① 上海市农业农村委员会办公室(外事处).上海推进农民相对集中居住情况报告[EB/OL].(2020-03-16).http://nyncw.sh.gov.cn/2019fzbg/20200316/14470d33d8db4af29bde50ce824a27e4.html.

为主导的农村集中居住。上海从2003年开始提出了"三集中"战略,开启了以宅基地归并和宅基地置换为主导的农村集中居中居住推进过程(这一集中进程经历了2004—2006年的第一轮农村集中居住试点和2007—2015年的第二轮农村集中居住试点[①])(见表3-1)。农村集中居住推进中的宅基地归并模式可以进一步分为村庄归并和村内归并。

宅基地归并是基于农民自愿原则,将规模过小、分布零散的农村居民点迁至村庄规划建设的集中居住区,在此模式下农民新房宅基地性质不变,农民身份及其土地承包权益都保持不变,而村内归并是指在规模较大的村庄针对零散的村居在村内选择优区位集中布局居民点的方式。[②] 如金山廊下镇包括廊下现代农业园区及若干村庄、青浦金泽镇商榻地区、嘉定(华亭)现代农业发展区、奉贤庄行现代农业发展区和新叶村、浦东张江合庆地区、书院都市现代农业发展区、松江新浜镇、崇明陈家镇现代农业发展区、绿华镇等都属于宅基归并类型(见表3-1)。

宅基地置换是指"农户自愿退出所有合法宅基地和房屋并承诺永久放弃宅基地使用权,或者符合农村建房条件的无房户自愿放弃审批并承诺永久放弃宅基地使用权的,来交换城镇住房或货币,统一安置到集中居住区或自行购买商品房的方式"[③]。农村宅基地置换模式的核心是农民拿自己的宅基地或放弃宅基地审批使用权换取可上市交易的产权房或货币,而农民身份及其土地承包权益都保持不变。奉贤青村镇和庄行镇的部分村庄,金山廊下镇和枫泾镇部分村庄,宝山顾村镇和罗店镇部分村庄,及青浦大盈镇、嘉定外冈镇和华亭镇、崇明陈家镇和港西镇的部分村庄都采取这种模式(见表3-1)。实践证明,通过宅基地归并和宅基地置换可以促使居住聚集、农地集中,从而改善农民的生产生活条件,提高土地集约程度和利用效率,明显节约土地。[④]

---

① 蒋丹群.乡村振兴背景下上海市农民集中居住模式分析——以松江区为例[J].上海城市规划.2019(1):96-100.

② 张正峰.上海两类农村居民点整治模式的比较[J].中国人口·资源与环境,2012(12):89-93.

③ 上海市政府办公厅.转发市农委关于进一步完善上海市农民宅基地置换政策意见的通知(沪府办发〔2014〕12号).

④ 张正峰,杨红,吴沅箐,等.上海两类农村居民点整治模式的比较[J].中国人口·资源与环境2012,22(12):89-93.

表 3-1　　　2003 年以来上海第一轮和第二轮农村集中居住试点情况[①]

2003—2006 年第一轮试点	宅基地归并	金山(廊下)现代农业园区 青浦金泽镇商榻地区 嘉定(华亭)现代农业发展区 奉贤庄行现代农业发展区 浦东张江合庆地区、书院都市现代农业发展区 松江新浜镇 崇明陈家镇现代农业发展区、绿华镇
	宅基地置换	奉贤青村镇和庄行镇;金山廊下镇和枫泾镇、宝山顾村镇和罗店镇;青浦大盈镇、青浦镇;嘉定外冈镇和华亭镇;崇明陈家镇和港西镇
2007—2015 年第二轮试点	宅基地归并	奉贤庄行镇,金山廊下镇
	宅基地置换	嘉定外冈镇和崇明港西镇
2016 年以来的全面推进	宅基地归并、置换与货币化退出等多模式	各涉农区和涉农乡镇、村庄

资料来源:梅圣洁.上海推进农民集中居住政策难点值得关注[EB/OL].(2019-07-04).http://www.xinxingchengzhenhua.com.cn/yanjiu/dongtaiguanzhu/2019-07-04/2305.html.

课题组.以三个集中为导向加快推进新型城镇化建设——上海郊区农民相对集中居住情况调研[J].上海土地,2016(2):26-28.

　　2016 年出台《关于促进上海农民向城镇集中居住的若干意见》(沪府〔2016〕39 号),上海农民集中居住进入全面推进的新阶段。[②] 各涉农区和涉农乡镇、涉农村庄陆续加快编制村庄居住规划,推行以进镇上楼和平移为主兼及与货币退出、入股分红、出租等多种方式组合的政策与手段,迈入全面推进农村集中居住的新征程。2019 年上海市政府制订新的农民集中居住推进计划,将在 2019—2022 年实现 5 万户农民集中居住。

　　为了具体说明、评价上海关于推进农村集中居住的政策和实践效能,本书将对两项农村集中居住调查加以分析。具体而言,两项集中居住调查是指马俊贤(2014)997 个样本的调查和国家统计局上海调查总队(2015)1 596

---

　　① 梅圣洁.上海推进农民集中居住政策难点值得关注 [EB/OL].(2019-07-04) http://www.xinxingchengzhenhua.com.cn/yanjiu/dongtaiguanzhu/2019-07-04/2305.html.

　　② 居晓婷.乡村振兴背景下农民安置品质提升路径研究——以上海市农民集中居住为例[J].上海城市规划,2018(S1):95-99.

个样本的调查。[①]

这两项调查评价分析的对象都是针对 2003 年以来上海推行"三个集中"（农村人口向城镇集中、向产业园区集中、向规模经营集中）政策，开展自然村归并、乡镇撤并、行政村合并以及宅基地置换试点等，所取得的农村居住相对集中进展及对集中居住居民的影响。

根据马俊贤的调查，2003—2013 年上海累计归并自然村 14 975 个，累计迁移 103.6 万人。[②] 根据国家统计局上海调查总队 2015 年通过分层多阶段随机抽样调查[③]数据，2004—2014 年上海进行了 2 轮集中居住试点，涉及 18 个镇，累计归并自然村 15 696 个，累计迁移 108.6 万人。[④][⑤]

根据如上调研，集中居住 8—10 年的占 31.7%，集中居住 4—7 年的占 32.0%。可见，农村集中居住总体还是不断加速的，而且集中居住农户的节约土地 50%以上，80%耕地已经重新复垦（梅圣洁，2019）。

从上海农村集中居住的效应来看，31.5%的集中居住农户的生活质量有了明显的改善。69.2%的受访农户对现状集中居住生活满意（其中 9.4%的集中居住农户非常满意），59.8%的集中居住农户比较满意。特别是部分位于垃圾处理场附近或"三高两区"的农户因农村集中居住项目的实施而入住到环境优美的村庄或城镇，其满意度非常高。

60%集中居住农户的家庭收入有了明显的增加，93.4%的集中居住农户转为非农户籍。另外，集中居住点的水电煤配套、周边环境、治安设施、文体设施等有明显改善。在新建农户集区适度配置了商业用房开发，为村庄经济注入了造血功能。但是在教育资源配置、农民生活观念和习惯改变、交通出行和周围商业设施等方面尚有很大的提升空间（见表 3-2）。

---

① 本调查采用分层多阶段随机抽样方法，在闵行区、宝山区、嘉定区、金山区、青浦区、奉贤区、崇明县抽取已经集中居住的居民家庭作为调查户，每个调查户选取一名年龄在 18 周岁以上的家庭成员作为受访者进行面访，最终收回 1 596 份有效样本。

② 马俊贤.完善农民集中居住的配套保障[N/OL].联合时报,(2014-08-20).http://shszx.eastday.com/node2/node4810/node4851/dcyj/u1ai90345.html.

③ 课题组.以三个集中为导向加快推进新型城镇化建设——上海郊区农民相对集中居住情况调研[J].上海土地,2016(2):26-28.

④ 梅圣洁.上海推进农民集中住政策难点值得关注[EB/OL].(2019-07-04).http://www.xinxingchengzhenhua.com.cn/yanjiu/dongtaiguanzhu/2019-07-04/2305.html.

⑤ http://www.shanghai.gov.cn/nw2/nw2314/nw24651/nw42131/nw42178/u21aw1232784.html.

表 3-2　　　　　　　　　　上海农村集中居住效应调查

项　目	集中居住后受访者的评价、感受或占比
对生活质量的评价	明显改善占 31.5%，有所改善占 55.4% **说明**：农村的行政管理、人口配置、土地利用、资源优化等方面大大改善，工业化程度的提高和市政设施、道路等的建设也逐步改变农民的居住环境。
家庭收入增加比例	60% **说明**：通过征地补偿实现资产变现，也能通过房屋出租获得财产性收入。
家庭年增加来源*	家庭收入有所增加 **说明**：来自房屋出租的受访人占 42.8%；来自社会保障提高的受访人占 35.5%；来自征地拆迁补偿所得受访人占 30.2%，来自就业转变占 20%。
认为家庭收入支出增加*	大幅增加者占 19.6%；小幅增加者占 54.3% **说明**：消费支出增加项目有食品、物业费等。
农业户籍转为非农户籍比例	93.4%
认为房屋建筑质量改善比例	改善占 89.7%，大有改善和稍有改善占比分别为 40.7% 和 49%
认为水电煤卫配套设施改善比例	93%
认为周边环境改善比例	91.5%
认为周边道路等市政设施及服务改善的比例	88.8%
认为体育等文体设施及服务改善的比例	83.5%
认为治安管理设施及服务改善的比例	83%
居住地周围商业设施评价	不够齐全 **说明**：认为缺少大型的农贸市场者占比 46.6%，认为缺少大型超市者占比 42.7%，认为文化娱乐场所比较缺乏占比 41%。
交通出行满意程度	5%—10% 的不满意 **说明**：对公交站点布置感觉一般的占比 21.6%，不满意的占比 5%；对公交运营时间认为一般的占比 25.5%，不满意的占比 4.8%。对于出租车等补充设施认为一般的占比 33.3%，不满意的占比 9.8%。
对教育资源配置评价	离居民期望尚有一定距离 **说明**：有些集中居住小区附近未配备有学校，或离学校距离远。郊区优秀教师比较少，不能满足居民想让子女享有优质教育资源的迫切需求。

（续表）

项　目	集中居住后受访者的评价、感受或占比
农民生活观念和传统习惯转变	20.8％认为完全转变，61.1％认为有所转变，18.1％认为没有转变 **说明**：主要问题不愿缴纳物业管理费；集体安全意识比较淡薄；传统习惯难以转变，甚至有居民在小区养家禽，破坏绿化种上自家蔬菜，小区里种植的景观果树，也被随意践踏采摘
城市融入程度*	完全融入占 22.3％，基本融入占 62.0％
对生活的满意度①*	69.2％满意，9.4％非常满意，59.8％比较满意
参加社会保险种类和比例*	参加养老保险为 95.8％，参加医疗保险为 90.9％，参加失业保险为 49.9％，参加工伤保险为 35.9％，参加生育保险为 24.8％，参加商业保险为 17.5％

资料来源：马俊贤.完善农民集中居住的配套保障[N].联合时报，2014-08-20. http://shszx.eastday.com/node2/node5368/node5380/node5395/u1a90536.html。

注：带"*"项目来自国家统计局上海调查总队 2015 年关于上海集中居住农民生活情况的调查②。

　　从近年来上海推进农民集中居住的实践来看，随着市级补贴的提高及土地政策突破对农民向城镇化地区集中居住支持力度的提高，节地效果达 50％以上，耕地复垦率达 80％以上。原居住于垃圾焚烧厂边、高速公路铁路线、高压线等"三线"地带的农民，经过搬迁到新的集中居住区后，他们的生活质量、生产条件和综合福利水平都有了显著改善。在这一过程中，通过在新的农村集中居住区配建适量商业用房及相关设施，为农民集体经济增加了造血机制，形成了良好的就业和收入局面，不断提高自我发展能力。③

　　上述调查还表明，农户对集中居住的态度存在明显差异，如比较宅基地置换为特征的进镇上楼、以异地平移为特征的宅基地归并和征地动迁等三种推进农村集中居住政策。其中，农户对征地动迁的接受度最高，主要因为征地动迁政策不仅能够解决农民社会保障问题，还可以获得能够上市交易的商品住宅。当然，从农村集中居住区到城镇住宅小区，农户需要明显转变生活方式、宅基地退出带来的不可逆性等因素也导致农民进镇上楼的意愿

---

　　① 国家统计局上海调查总队.上海集中居住农民生活情况[EB/OL].2017-05-26. http://www.shanghai.gov.cn/nw2/nw2314/nw24651/nw42131/nw42178/u21aw1232784.html.

　　② http://www.shanghai.gov.cn/nw2/nw2314/nw24651/nw42131/nw42178/u21aw1232784.html.

　　③ 梅圣洁.上海推进农民集中居住政策难点值得关注[EB/OL].(2019-07-04). http://www.xinxingchengzhenhua.com.cn/yanjiu/dongtaiguanzhu/2019-07-04/2305.html.

下降。

　　农民对宅基地置换政策的接受度仅次于征地动迁,因为这一政策同样能让农民获得可以上市交易的商品住宅。农户对宅基地归并政策的接受度相对较低,因为这一政策补贴标准低于征地动迁,既不能解决社保,也不能获得可以上市交易的商品房,且需要农民改变既有的独有"大空间感"和"清净感"的散居模式。比较而言,归并政策主要在远郊地区农户中具有较好的接受度,因为他们征地动迁希望较小,许多房屋比较破旧或生产生活设施不足,农民对通过集中居住改善居住条件的诉求较强,故对农村集中居住具有较高的接受度(梅圣洁,2019)。另外,宅基地置换与动迁从搬迁对象上而言非常接近,但规划不同、用地性质不同等缘由导致的邻近地区搬迁政策不一致的情况很难被理解和接受。

　　总体而言,农村居住集中在一定程度上缓解了上海土地空间不足的问题,极大地改善了农村地区的经济环境和农民的生活质量,农民进镇进城进一步提升了城乡融合水平(梅圣洁,2019)。2019年因为政府实现了农村集中居住项目的各区主要负责人责任制及快速审批措施,加强了住建委、财政局、农业农村委、规划资源局等涉农部门有效协同,促使127万农户完成相对集中居住。其中,超过1万户农户被安置地块以配套较好的大型居住区完成了向城镇集中居住(含货币化退出),其余2 000户左右农户平移到了条件较优的规划保留村,促使农民生产生活条件改善。①

第二节　进一步推进农村集中居住所面临的新机遇

一、上海城市总体规划的实践需要农村进一步集中居住

　　上海的规划目标是建设全球卓越的创新之城和生态之城。要推进这一目标,就必须在推进核心城区不断升级、发展的同时,重塑上海农居在近郊、中郊和远郊的"分散"格局,要为农村有效配备先进的、现代生产基础设施和生活基础设施,加速并形成农村集中居住的必要支持。同时,随着上海农村

---

　　①　上海市农业农村委员会办公室.上海推进农民相对集中居住情况报告[EB/OL].(2020-03-26).http://nyncw.sh.gov.cn/2019fzbg/20200316/14470d33d8db4af29bde50ce824 a27e4.html.

的振兴和农村"三块地"(农用地、农村集体经营性建设用地和宅基地)的改革,农村的生产关系和生产力都发生了很大的变化,农村社会经济中的主要矛盾也从既往生产不足,变为发展的不充分、不平衡的矛盾。当前上海农场经营模式发展很快,农户经营的土地规模需要不断扩大,传统的过度分散农村聚落形式越来越不符合现代大都市郊区农村的发展,亟须农村住宅集中和现代化更新与改造和规模农场的发展,进而推动大都市农业、农村和农民全方位协同一致,以推动上海规划目标的实施。

二、国土规划和国土经营不断推进的要求

规划是乡村住宅用地优化配置的基础。我国在 20 世纪 80 年代开始重视国土规划,主要从宏观上对工业、农业、服务业、人口、土地、水资源等在内的国土资源进行综合利用,提出具体的、前瞻性的政策性方案与制度性安排,对国民经济发展结构和空间布局起到很好的作用。1990—2010 年,随着我国城镇化的加速发展,城镇规划发展迅速,对我国城市建设、城镇体系的形成和城市经济的发展起到巨大的推动作用。长期以来缺乏关于村庄发展和布局的规划,村落"野蛮生长",无序零散分布,造成土地资源浪费,相关基础设施资源不足与浪费并存,城乡差异发展且差距拉大,不能充分形成和发挥城乡间应有的协同作用。当前我国在国土规划和城镇规划已经进入村落规划的新阶段,其规划与实践的核心内容之一就是进一步加强农村居住的相对集中与发展。

三、人口老龄化与养老产业发展的要求

按照联合国的定义,上海在 1979 年 65 岁以上人口超过 7%,进入老龄化阶段。① 2017 年上海 65 岁以上户籍人口占到总人口比重为 21.83%,表明上海迈入深度老龄化阶段(联合国定义 65 岁人口超过 14%)(见表 3-3、表 3-4 和表 3-5)。罗守贵等(2019)预测,上海老龄人口在 2057 年前后达到高峰,之后逐渐缓解。

---

① 朱步楼.人口老龄化问题及其对策研究[J].唯实,2017(10):51-55.

表 3-3　　　　　　上海市各区户籍人口年龄构成（2017 年）　　　　单位：万人

地区	合计	17 岁及以下	18—34 岁	35—59 岁	60 岁及以上
全市	**1 455.13**	**173.05**	**258.97**	**541.50**	**481.61**
浦东新区	298.76	39.46	53.84	114.40	91.06
黄浦区	84.89	8.60	15.77	28.96	31.56
徐汇区	92.11	12.34	17.65	31.30	30.82
长宁区	58.10	6.43	10.75	20.49	20.43
静安区	94.05	10.46	16.80	32.67	34.11
普陀区	89.58	10.05	15.32	31.24	32.96
虹口区	74.59	7.29	13.56	25.57	28.17
杨浦区	107.49	11.41	22.13	36.50	37.44
闵行区	110.98	16.41	19.42	42.09	33.05
宝山区	97.48	11.73	16.63	36.82	32.29
嘉定区	62.41	7.72	10.18	24.18	20.34
金山区	52.22	5.65	8.10	22.06	16.41
松江区	63.14	8.58	11.81	24.91	17.83
青浦区	48.29	5.54	8.04	19.98	14.73
奉贤区	53.63	6.09	8.41	22.42	16.70
崇明区	67.43	5.28	10.55	27.90	23.70

资料来源：上海市统计局，上海统计年鉴 2018（电子版），http://www.stats-sh.gov.cn/tjnj/nj18.htm？d1＝2018tjnj/C0206.htm。

表 3-4　　　　　　　　上海市各区户籍老年人口（2017 年）　　　　单位：万人

地区	合计	60—64 岁	65—79 岁	80 岁及以上	总户籍人口
全市	**483.60**	**165.93**	**237.09**	**80.58**	**1 455.13**
浦东新区	91.48	30.72	46.05	14.71	298.76
黄浦区	31.65	11.71	14.33	5.61	84.89
徐汇区	30.93	10.19	14.80	5.94	92.11
长宁区	20.51	7.13	9.38	4.00	58.10
静安区	34.21	12.41	15.85	5.95	94.05
普陀区	33.12	12.31	15.35	5.46	89.58
虹口区	28.23	10.23	13.02	4.98	74.59
杨浦区	37.60	13.82	17.22	6.56	107.49

（续表）

地区	合计	60—64 岁	65—79 岁	80 岁及以上	总户籍人口
闵行区	33.21	10.81	17.00	5.40	110.98
宝山区	32.49	11.52	16.20	4.77	97.48
嘉定区	20.42	6.58	10.57	3.27	62.41
金山区	16.47	5.43	8.60	2.44	52.22
松江区	17.91	5.81	9.30	2.80	63.14
青浦区	14.79	4.88	7.56	2.35	48.29
奉贤区	16.79	5.40	8.86	2.53	53.63
崇明区	23.79	6.98	13.00	3.81	67.43

资料来源：上海市统计局，上海统计年鉴 2018（电子版），http://www.stats-sh.gov.cn/tjnj/nj18.htm？d1＝2018tjnj/C0206.htm。

表 3-5　　　　上海市各区户籍老年人口年龄构成（2017 年）　　　　单位：%

地区	60 岁以上人口占比	60—64 岁人口占比	65—79 岁人口占比	80 岁以上人口占比
全市	33.23	11.4	16.29	5.54
浦东新区	30.62	10.28	15.41	4.92
黄浦区	37.28	13.79	16.88	6.61
徐汇区	33.58	11.06	16.07	6.45
长宁区	35.30	12.27	16.14	6.88
静安区	36.37	13.19	16.85	6.33
普陀区	36.97	13.74	17.14	6.10
虹口区	37.85	13.72	17.46	6.68
杨浦区	34.98	12.86	16.02	6.10
闵行区	29.92	9.74	15.32	4.87
宝山区	33.33	11.82	16.62	4.89
嘉定区	32.72	10.54	16.94	5.24
金山区	31.54	10.4	16.47	4.67
松江区	28.37	9.21	14.73	4.43
青浦区	30.63	10.11	15.66	4.87
奉贤区	31.31	10.07	16.52	4.72
崇明区	35.28	10.35	19.28	5.65

资料来源：上海市统计局，上海统计年鉴 2018（电子版），http://www.stats-sh.gov.cn/tjnj/nj18.htm？d1＝2018tjnj/C0206.htm。

上海户籍人口不断老龄化,导致了农村居住人口及从事农业人口的老化。以奉贤区为例,由于人口老龄化不断加剧,农村宅基地实际居住人口占到全部宅基地居住人口总量的 55.3%,面临较大的养老压力。从农村宅基地实际居住人口看,其平均年龄为 57.5 岁,50 至 59 岁的人口占全部人口的17.2%,60 岁及以上的人口占到人口的 55.3%[①](见表 3-6)。根据第三次农业普查,上海从事农业经营人口中 55 岁以上人口占比超过 63%,郊区农村老龄化远甚于城镇。

总之,当前村落与居住人口的分散布局,难以低成本地增加养老设施和现代化设施,农村养老难以得到很好的保障,迫切需要集中居住以加强配套养老设施,提高乡村福利水平。

表 3-6   2018 年上海市奉贤区农村宅基地构成   单位:%

宅基地实际居住人年龄构成		宅基地拥有人年龄构成		宅基地登记人年龄构成	
年龄构成	占比	年龄构成	占比	年龄构成	占比
17 岁以下	4.6	—	—	—	—
18—29 岁	4.9	29 岁及以下	2.6		
30—39 岁	7.7	30—39 岁	12.8		
40—49 岁	10.3	40—49 岁	20.5	29 岁及以下	1.1
50—59 岁	17.2	50—59 岁	19.9	50—59 岁	18.5
60—79 岁	47.9	60—79 岁	38.1	60—79 岁	73.1
80 岁及以上	7.4	80 岁及以上	6.1	80 岁及以上	7.3

资料来源:国家统计局农村调查队.奉贤区农村宅基地使用情况及流转意愿调查报告.

四、新时代乡村振兴战略推进的需求

2018 年及 2019 年中央 1 号文件和《新时代乡村振兴战略规划(2018—2022)》等从国家层面提出通过宅基地"三权分置"稳慎推进制度改革,逐步推进农村现代化,实现乡村振兴和城乡融合。上海先后发布了《上海市乡村振兴战略规划(2018—2022)》《上海市乡村振兴战略实施方案(2018—2022)》和《关于切实改善本市农民生活居住条件和乡村风貌,进一步推进农

---

①   国家统计局农村调查队.奉贤区农村宅基地使用情况及流转意愿调查报告.

民相对集中居住的若干意见》等政策措施。农村集中居住是实施乡村振兴目标的必要步骤和实践内容,也是落实这些规划措施的必然前提。因为只有推进农村集中居住才能消除空心村,才能完成农村房屋建筑的更新和建筑风貌的一致性、现代性并增加其审美价值;才能集中力量加强基础设施布局,形成良好的医疗卫生、环境治理与保护、文化教育、交通贸易、公共事务服务、旅游餐饮等各类生产、生活服务的有效供给;才能增加就业、增加农户的收入,进而促使农村基础设施对接城区公共设施,促进村庄资源优化配置、村庄经济增长和村庄总体的现代化,推进城乡融合,实现"富美强"的现代化农村发展目标。

五、城乡发展新阶段——城乡融合的要求

新时代农村进一步集中居住目标和使命都有了新变化。农村集中居住不再是为了"占补平衡""增减挂钩",而是为了适应和支持未来的发展需求。2018年中央1号文及《关于建立健全城乡融合发展体制机制和政策体系的意见》等中央文件都提出了对乡村集中居住的新要求:推动乡村振兴,缩小城乡福利水平差距,实现城乡融合。而农村集中居住有利于乡村住宅用地的大幅度节约,带来农户财富的大幅增加,增加和优化配置文化娱乐、养老、医疗卫生等生活生产设施,增强就业能力,增加收入,美化环境,从而促使农村居民的总体社会福利有明显的提高。因此,农村集中居住肩负着新时代城乡融合发展的重大使命(见图3-1)。

六、优化上海农村土地资源的要求

上海市陆地面积仅有6 340平方公里,可用来发展工业、农业、服务业和各种居住及公共设施建设的土地资源日趋稀缺。如何挖掘土地资源潜力,深刻影响着未来上海的可持续发展。就目前农村居住来看,农户家庭宅基地资源存在零散分布、普遍超标、宅基地及其房屋资源闲置等问题,具有挖掘增加农村建设用地和耕地的巨大潜力。基本挖掘方式就是推进农户居住的进一步集中。因此,加强农村居住进一步集中是优化上海农村土地资源,缓解土地资源压力的必然要求。从历史经验和当今的实践看,农村集中居住至少可以从如下几个方面挖掘农村宅基地潜力。

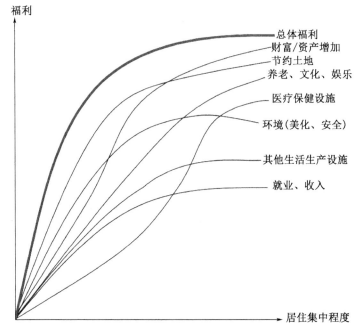

图 3-1 农村集中居住的福利维度示意图

（1）宅基地置换模式

此种模式是将农民的现住宅按照自愿平等的原则置换到城镇上楼,将目前人均单位居住面积与所占土地面积的比例大大降低,以"垂直空间"节约地面"水平空间",节约土地资源。

（2）建筑增容模式

目前农民住宅多是1—3层,仅有少数民居是大于三层。鉴于这一现状,可以通过提高农村集中居住区的容积率,增加多层或高层住宅,起到节约宅基地的目的。

（3）整合优化模式

当前农民居住零散,普遍占用土地大于宅基地证所规定的面积,造成土地资源的浪费。有些农居居住地的安全性和宜居性较差。根据第三次农业普查,上海登记的户籍人口户为 1 268 675 户,常住户为 2 100 173,村庄为 29 941 个,平均每个村庄具有户籍户为 42 户,常住居民户为 70 户,很多村庄不足 30 户。而按照现在的规划,一个较为合适的村庄一般在 300—500 户较为合理,可见,上海的农村住户十分分散,许多村庄离最优规模相差甚远。更重要的是,有相当数量的村庄在长期"野蛮生长"后,分布在靠近高速公路、高速铁路、高压线的"三沿"地区,或者地处生态敏感区、生态整治区。这些地区的居民迫切需要迁移到其他安全地区。推进就近村内集中整合优化,不仅可以节约宅基地面积,挖掘土地资源潜力,还会增加居民住宅的宜居性,提升居民的安全感和幸福感。

(4) 盘活退出模式

采用货币化补偿方法,让农户自愿地将闲置或超标的宅基地重新回到集体建设用地,或复垦为耕地,或征为国有建设用地,从而实现集体建设用地的节约、集约利用以增加耕地。还有,将整个村庄拆除,将增加的宅基地转为耕地或进行高效率的产业开发。

(5) 土地互换模式

基于农村居住集中的异地集中居住,建设中往往存在由于环境生态、永久农田等限制,集中居住点必须跨组跨村,需要通过不同村组的土地互换满足兴建集中居住点,实现节约土地资源的目的。

(6) 保留模式

这类村庄具有一定的特色——历史文化资源或独特的自然资源,需要持续加强保护。这意味着对这类村庄无法进行归并和拆除重建,或在原有的基础上做较大的改变,只能进行原汁原味的修补和维护,居住格局也难以较大改变。因此这类村庄的集中居住策略是有限改善居住条件(如配置网络通信,添建现代化防火防水设施,配备温控设施和绿色基础设施等),增强宜居性和承载村民居住人口的能力。同时防止村庄居住向外围扩展,减少不合理性农村居住问题的放大。

(7) 发展模式

这类村庄因其具有良好的居住条件和区位优势,在全市村庄规划中属于重点发展的村庄。其未来的走势应该向着小城镇方向发展。因此对这类村庄首先进行对原有住宅进行整治(制订规划,对老旧住宅进行翻新、拆除建新、拆除换新或彻底拆除,提高整个村庄既有居住水平的同时,吸引接纳周边要撤并的村民,为他们提供住宅,还要接纳部分保留村庄因为人口增长产生溢出村民的居住等),从而挖掘出节约土地的最大潜力。发展型村庄的集中居住的关键是科学规划,预留现代村庄阶段性升级需要的空间,也要进行适度超前的生产生活设施的配备,增加基于村庄服务和村庄经济的就业能力,增加村民福利。

(8)新建模式

对那些处于高压线、高速铁路线、高速公路线、生态敏感区、生态危险区的村民,且无法就近归并或找到合适的城镇接收实现进镇上楼,则可以在符合城乡规划、土地规划、产业规划等多重规划的前提下,新建村庄,实现节地型集中居住,从而腾出部分不宜居住用地供其他产业部门使用。

第三节　当前推进乡村集中居住所面临的新挑战

一、部分农民对居住相对集中的意愿总体并不是很强且存在很大差异

按照《上海市农村村民住房建设管理办法》(上海市人民政府第 16 号令),5 人及以下农户宅基地面积和建筑面积分别不超过 140 平方米和 90 平方米;6 人及以上农户宅基地面积和建筑面积不超过 160 平方米和 100 平方米。如此限制下,农村集中居住项目的实施意味着许多农户的超标宅基地需要"矫正处理"。也就是说,一部分超标的宅基地兑换成货币或其他收益权。但多数农村居民愿意要房而不愿意要钱,住宅"等积"置换的集中居住普遍受到欢迎,而矫正"超标居住"的"等值"式集中居住是许多农户不愿或不可接受的。目前农户宅基地和建筑面积普遍超标的现实情况下,他们对乡村集中居住项目的参与意愿普遍不高。从表 3-7 可以看出,表中列举的集中乡村集聚模式中,矫正超标居住的等值集中居住意愿大多较低,如参与"置换到城市高层且部分货币化"的城镇的平均意愿大多低于 65%,其中西渡街道、南桥镇、金海社区等参与"置换到城市高层且部分货币化"的意愿低于 40%。参与到"置换到农村高层且部分货币化""出租给集体""处置权给集体意愿""全货币化回购""置换到城市高层安置且部分入股""置换到城市高层且部分货币化部分入股""置换到农村高层公寓且部分入股""置换到农村高层且部分货币化部分入股"等集中居住模式的意愿普遍较低。

表 3-7　上海市奉贤区农村居民对不同集中居住模式的意愿及差异

单位：%

	宅基地房屋集中归并意愿	置换到城市高层安置意愿	置换到农村高层公寓	置换到城市高层目部分货币化	置换到农村高层目部分货币化	出租给集体	处置权给集体	置换到较好区城高层公寓目面积根据差价调整	全货币化回购	置换到城市高层安置目部分入股	置换到农村高层公寓目部分入股	置换到城市高层目部分货币化部分入股	置换到高农村层目部分货币化部分入股
海湾旅游区	100.0	100.0	100.0	100.0	90.0	100.0	90.0	40.0	55.0	85.0	85.0	85.0	90.0
四团镇	95.0	92.2	89.6	64.1	61.7	48.7	47.8	56.1	34.1	35.9	35.2	33.9	33.7
庄行镇	92.9	81.8	87.1	63.2	66.8	56.1	54.6	44.6	47.9	35.4	34.6	32.9	32.9
青村镇	90.5	81.6	72.7	52.0	43.2	47.7	41.8	46.8	20.5	26.4	25.7	25.5	23.6
金汇镇	89.1	81.5	73.5	63.5	59.1	39.1	31.5	37.9	35.0	41.8	41.5	40.6	40.3
奉城镇	87.8	78.0	74.6	63.6	61.1	56.0	48.8	37.5	42.5	35.9	36.1	35.9	35.9
西渡街道	85.0	76.1	80.0	35.0	36.3	36.3	35.0	55.0	22.5	12.5	13.1	12.5	12.5
南桥镇	79.4	71.9	71.1	31.7	23.3	30.6	30.0	51.7	13.9	8.9	8.9	8.9	7.8
柘林镇	76.9	66.3	66.1	46.5	45.0	46.5	43.7	33.4	32.4	17.2	17.5	16.2	18.0
金海社区	51.6	58.1	54.8	25.8	16.1	64.5	64.5	51.6	19.4	9.7	9.7	6.5	6.5

资料来源：国家统计局农村调查队，奉贤农村宅基地使用状况及流转意愿调查报告。

二、因长期性与不确定性而面临多重实践困难

乡村集中居住项目建设周期较长,少则 2—4 年,多则 3—5 年,甚至更长。在如此大的时间跨度下,农村集中居住项目深受诸多财务、市场和百姓意愿等不断变更的影响,面临宏观环境的不断变化,从而导致整个乡村集中居住项目推进的难度和不确定性不断增大。农村集中居住也是一个长期的过程,如日本经历了 40 多年,韩国的农村集中居住调整进行了近 30 年,美国随着经济发展的结构而不断转换农村集中居住区结构和布局等。从规划来看,目前城市总体规划和详细规划的融合实践越发趋好,但对于村庄规划就往往在规划落实上大打折扣,村镇规划普遍存在落地难,难以找到规划实施的有效路径。主要困难有四方面:

第一,由于动迁项目的补偿最高,基于与动迁标准的比较,农民对集中居住的补偿预期很高,总是觉得其他集中居住补偿资金标准较低。①

第二,规划集中居住区土地权属②问题难以协调,涉及基本农田调整难度大。

第三,村庄规划预留的建立发展集体经济"造血"机制的产业建设用地难以落实,土地供应方式不明确。

第四,大多数村镇的农民集中居住规划不足,农户对不同村镇的发展未来无法认知或预测,多数农户对集中居住区是否会在未来具有较为可观的升值空间不清楚,亦不知道参加集中居住项目对自身未来福利的影响有多大,因此无法做出明确的、鲜明的意愿决策。

根据《上海市城市总体规划(2017—2035)》,到 2035 年上海农村居民点用地占比控制在 6% 以内,上海建设用地总量需要控制在 3 200 平方公里以内,这就意味着 2035 年上海农村居民点的面积需要控制在 192 平方公里以内。而上海 2017 年农村宅基地面积超过 230 平方公里,这需要大量的农户住宅归并以减少农村宅基地相对数量和绝对数量。但 2004—2014 年全市通

---

① 《关于促进本市农民向城镇集中居住的若干意见》(沪府〔2016〕39 号),市级财政根据农民集中居住项目实施方案确定的总户数,给予定额补贴。崇明区、金山区和奉贤区的标准为 20 万元/户,其他区为 12 万元/户。

② 中心村规划一般会涉及多个村、队,跨村或队存在调地问题以及被用地农户的利益保障问题。

过宅基地置换和归并才集中了 2 万多农户,而且主要位于金山区廊下镇、嘉定区外冈镇、奉贤区庄行镇等易于归并的远郊村镇。可见,总体农民集中居住进展比较缓慢。从最近公布的到 2022 年实现 5 万户农村居民集中居住计划看,其深入推进也面临很多困难。

三、部分区镇对农村居住相对集中的动力不足

农户集中居住的动力在于集中居住前后的福利对比或财富对比,也在于近期福利变化和长期的福利变化。一些居于城市边缘区居民,由于其区位条件良好,期望现在的集中居住能够得到很多补偿和财富增加,其预期也是很明确,就是当前集中居住收益不会低于未来收益,对目前的集中居住项目比较热情。远郊农村家庭在相当长时间里不大具有动迁的可能,期望目前的集中居住会更新居住环境,获得更好的生产生活设施,因而比较积极。介于两者之间的相当比例的农户拥有的政策信息不足,无法做出明确的预期和决策,普遍采取"静观其变"的策略,致使他们对农村集中居住项目不够积极;或者,农民对未来预期很高,不满足当前集中居住参与条件而呈现出较低积极性。另外,由于目前在《上海市农村村民住房建设管理办法》(上海市人民政府第 16 号令)中明确规定了每个农村家庭的宅基地数量及建筑面积,未来的集中居住可能需要将目前超大的宅基地和建筑面积分割为新的宅基地和"建筑面积＋其他(部分承包地补偿、货币补偿、股份及其他权益补偿等)",而大多数农户倾向于以现在宅基地换产权房来保值增值,导致参与集中居住尤其是农村内部的集中居住的意愿不足。

四、相关农村居住相对集中的总体规划不到位

农村居住集中,需要集中居住点的空间安排及规模等级体系的支持,需要规划先行。但长期以来,上海村庄规划和综合村庄布点规划不足,农村集中居住盲目推进,导致集中居住点的人口集聚动力不足,集聚规模难以达到,无法形成基础设施的有效配套。如此一来,农村集聚点未来升级潜力不大,不动产价值较低且升值空间不足,无法支持集中居住居民财富的快速增值和福利的大幅度提高,从而造成农户集中居住可能导致自身财富的流失,导致农村居民集聚的意愿不足。而且,在缺乏集中居住规划情况下,农村居

民无法对现有住宅估值,无法对新宅基地及新住房的未来升值潜力进行估价,致使其对集中居住安排的决策因缺乏这些必要信息而犹豫不定,意愿不明,从而阻滞了农村集中居住的发展。

五、相关农村居住相对集中的政策和细则配套仍有不足,集中居住压力很大

按照第三次农业普查,2016 上海农村宅基地面积为 230.85 平方公里。按照《上海市城市总体规划(2017—2035 年)》,2035 年上海农村居民点的规划面积仅为 192 平方公里。这意味着未来时间里宅基地至少减量 2.05 平方公里/年,相关农村居住相对集中的政策和细则配套仍有不足,未来减量任务艰巨。[①]

六、资金周转压力大,区镇政府积极性不足[②]

单个农民集中居住项目总资金一般超过 20 亿元,甚至超过 50 亿元、60 亿元,区级财政投入和资金周转压力较大。囿于当前地方债务清理压力,银行对于土地收储等项目融资收紧。按照市政府的规定,市财政对项目补贴按照两期进行,在项目启动阶段市级财政对项目的首期补贴按户以总补贴额的 50% 拨付,其余补贴及节地出让收入返还需要在项目完成后落实。这样算下来,1 000 户的远郊农村集中居住项目可得到 1 亿元市级财政补贴,这对于总资金需求在 20 亿—60 亿元及以上的农户集中居住项目而言杯水车薪。而根据《上海市农村村民住房建设管理办法》(上海市人民政府第 16 号令)和《关于促进本市农民向城镇集中居住的若干意见》(沪府〔2016〕39 号,市级土地出让金返还给增减挂钩政策节余建设用地按照 40 万元/亩,搬迁费、水电费配套工程补贴 12 万—20 万元/户,补贴总资金一般占全部集中居住项目资金用地指标需求的 5%—10%,其余 90% 以上基本需要全部返还区政府节余土地出让中的所得,再加上一些用地指标,出让更多的土地的收入,才能达到资金平衡,这对于很多区镇来说压力很大,积极性不高。2019年 5 月出台的《上海市人民政府关于切实改善本市农民生活居住条件和乡村

---

① 上海城策行建筑规划设计咨询有限公司,上海城市房地产估价有限公司.上海农民宅基地若干政策研究报告[R].2018-10-26.

② 《关于促进本市农民向城镇集中居住的若干意见》的实施情况评估.

风貌进一步推进农民相对集中居住的若干意见》替代了"沪府〔2016〕39 号",其对农村集中居住的资金支持有所强化,但区镇政府面临的资金周转压力依然很大,难以强力激发区镇政府推进农村集中居住的积极性。

七、宅基地控制政策成效不足

表 3-8 显示,上海农村户从 2006 年的 121.11 万户下降到 2010 年的 114.22 万户,再到 2016 年的 99.13 万户;上海农村户籍人口也从 2006 年的 356.47 万人下降到 2016 年的 256.67 万人(与第三次农业普查人口有一定差异);农村从业人员也从 2006 年的 230.76 万人下降到 2016 年的 158.26 万人。从总量上看,上海市农村宅基地不降反增,与历年宅基地政策导向明显不符。究其原因,除全市推进宅基地归并和集中居住实施缓慢外,还存在统计底板的时效不强,以及宅基地面积统计口径上不精确的问题。从宅基地空间分布来看,宅基地零散分布情况较为突出,10 户以下、30 户以下占比分别达到 44% 和 77% 以上。[①] 可见既有宅基地控制政策严重失效,需要踏实的农村集中居住实践来"矫正"。

表 3-8　　　　2000 年、2006—2016 年上海市农村户数、人口和从业人员

年份	2000	2006	2007	2008	2009	2010
户数(万户)	115.17	121.11	101.60	96.5	95.20	114.22
人口(万人)	360.71	356.47	355.23	339.24	332.78	305.68
农村从业人员(万人)	253.45	230.76	218.76	211.10	205.7	188.70
年份	2011	2012	2013	2014	2015	2016
户数(万户)	119.02	112.08	107.05	107.05	99.20	99.13
人口(万人)	311.18	289.70	283.50	283.50	260.09	256.67
农村从业人员(万人)	188.32	187.45	181.21	181.21	160.07	158.26

资料来源:上海市统计局,上海统计年鉴 2008—2017 电子版 http://www.stats-sh.gov.cn/html/sjfb/tjnj/。

注:根据国家统计制度规定,本表中 2010—2012 年第一产业从业人员中包括农林牧渔服务业从业人员;从 2013 年起,农林牧渔服务业从业人员从第一产业中划出,归入第三产业。

---

①　上海城策行建筑规划设计咨询有限公司,上海城市房地产估价有限公司.上海农民宅基地若干政策研究报告[R].2018-10-26.

第四章 影响上海推进农村居住相对集中的深层次原因

第一节 影响推进农村进一步居住集中的动力机制

上海农村集中居住推进是一项复杂的系统工程,是基于国家综合发展战略、国家乡村振兴计划和城乡融合发展的背景,在实施上海城市规划目标、实施上海乡村振兴的过程中,依靠政府推动和农户需求的核心拉动,兼及若干积极的支持因素,应对与破除若干阻制因素,依托积极的机制体制,而逐步实现(见图4-1)。

农村集中居住的推动力主要来自政府。新时代土地资源日趋紧缺,政府要推进的诸多任务中至少包括提高农业规模效益、优化资源配置、完成乡村振兴、完成上海发展目标、促进环境与美丽农村建设、解决农村老龄化等问题,这些政府任务的完成都亟须农村集中居住的助力。从这个意义上说,政府赋予农村集中居住首要的推动力。当然相关农村集中居住政绩考核、物质或精神奖励也是政府推动农村集中居住的动力。

农村集中居住的拉动力主要来自农户。推进农村集中居住过程中的农户动力主要决定于如下因素:非产权房变为产权房的机会和意愿、农村宅基地的"硬通货"特征[允许宅基地换房、换地(宅基地复耕,可以变为自己的承包地)、换货币、换养老、换权益等]、农村集中居住区的基础设施配置水平、集中居住前后农民生产生活成本变化、农村集中居住区宅基地及其附着房屋的"沉睡"价值被激发与显化程度等。显然,农村集中居住推进中如果非产权房变为产权房的机会越大,宅基地"硬通货"特征越强,"沉睡"价值显化得越充分,集中居住区基础设施越先进,集中居住农户生产生活成本越低,农户参与农村集中居住的热情越高,对集中居住的拉动力越强。因此农户的拉动力是推动农村集中居住的最根本的内生动力。

其中的支持因素有:企业、银行等相关主体的积极参与;农户对集中居住项目支持意愿因集中居住示范和宣传而加强,上海房地产市场依然高位运行,土地出让价格较高,筹资能力较强;政府的政策应对;上海经济相对发达农村集中居住推进的总体市场环境较好;政府具有相对充足的资金、医疗与社会保障、子女接受教育环境良好、失地农民得到保护、基础设施投资完善等。支持因素越强,越能提高福利水平,或越能直接增加农户的集中居住意愿,对农村集中居住的拉动力就越大。支持因素越能支持政府的政策,越能支持政府推动集中居住的科学实践,就越能产生强烈的推力作用于农村集中居住。

其中的阻力与阻制因素有:资金压力大,土地制度与政策、土地制度和产权制度(宅基地不进行国有土地置换,集体所有,农民只能居住使用而不能上市交易)制约,农户不离土不离乡的恋乡情结,集中居住区农民家庭生活成本上升,政府供给的居住空间与农户需求不匹配,农户期望过高或不清楚未来自有宅基地价值变化而无法做出判断和决策,城镇规划空间约束,即既有镇区规划面积无法吸收和容纳农村集中居住向镇区分流,大多村镇政府在农村集中居住工作中几乎没有增量收益,反而增加了债务风险,致使政府不积极;土地转移有后顾之忧,失地利益保护、工作无法落实,生活消费水平太高,补偿标准太低、高房价难以承受、交通不方便、居住不习惯等。① 这些往往直接减弱了政府推动农村进一步集中居住的动力,进而间接减弱集中居住可能带来的福利。这些不利因素直接降低了农户参与集中居住的实践意愿,形成农村集中居住推进的阻力。

从图 4-1 可以看出,农村集中居住是一个系统工程,包括政府和农户两

---

① 谢崇华,等.上海郊区农民居住集中现状分析与对策[J].上海农业学报,2006,22(1):90-92.

个最重要的推拉主体。在农村集中居住实践中表现为具有突出的推动拉动动力机制。而支持因素和不利因素分别通过推力-拉力动力系统表现出它们的作用面。

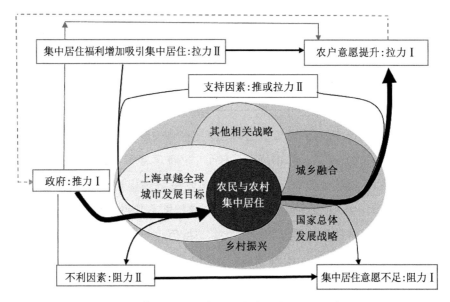

图 4-1   推进农村集中居住的基本动力机制示意图

　　农户是农村集中居住实践中最核心的主体。影响农村集中居住的因素中,较高的集中居住意愿是成功推动农村集中居住的前提条件。农户对集中居住的预期和意愿存在差异性和可变性。[①] 推进农村集中居住的实践中,高集中居住意愿的农户可以转变为低集中居住意愿的农户,而低集中居住意愿的农户可以在一定条件下转变为高集中居住意愿的农户。集中居住的福利溢出会影响农户集中居住意愿,集中居住意愿也对福利水平有一定的反作用。农户的意愿水平是最终决定农村集中居住实践成功与失败标尺。

　　政府是农村集中居住实践中最主要推动主体。政府的支持是农村集中居住的关键推动力。政府的政策激励越大,政府实现农村集中居住的决心越大,政府对农村集中居住的推动力越足。[②] 当前农村发展的情况下,有相

　　①　孔艳芳.山东省农民集中居住的经济学分析[D].山东财经大学.2013.
　　②　何漫清.场力视角的农民集中居住研究——基于湖北宜城市的实践[D].华中师范大学,2019.

当的农户具有明显的集中居住意愿,对集中居住政策一定程度上认同、配合,甚至积极参与。这为进一步实现集中居住奠定了良好的基础。政府推动后,总体的集中居住意愿明显提高,消极态度有所转变,反对集中居住的比例会大幅度下降,甚至消除。[①] 而且,政府的推动主要改变消极态度强烈的、集中居住意愿最低的人群。[②] 由于政府的有效政策推动主要包括配备低收入人群的保障、增加就业、增加农民收入、集中居住宣传和示范等,这必然会提高农户的福利水平,直接对农户形成集中居住的吸引拉力,并进一步提升农户的集中居住意愿,对集中居住形成更强的拉动力。

第二节　影响上海推进农村居住相对集中的一般分析

一、规划与未来区位改善

对农村宅基地未来价值的判断是影响农户对集中居住收益预期的关键变量,是推进农村集中居住的决定性因素。随着上海新城市规划的落实,上海的发展方向和结构正在发生变化,一些农村地区可能未来成为新型城镇,可能会带来区位的巨大优化,因此许多农户更加愿意选择未来集中居住,而不愿当前实施集中居住,致使农村集中居住推进低于预期。

二、房地产市场及政府的宅基地政策

上海房地产市场的状况及政府的宅基地政策直接影响农户宅基地的使用价值和价值,影响农户的宅基地未来增值的预期,也会深刻影响上海农村集中居住的工作预期。上海正在执行的农村宅基地政策规定农村家庭一户一宅,5人及以下家庭的宅基地不超过140平方米,6人及以上农户宅基地不超过160平方米。现在农村家庭的宅基地普遍超标,一旦集中居住就面临部分超标的宅基地需要货币化退出而不能继续长期持有。可以预见的未来是上海土地资源日趋稀缺,价格不断走高是必然趋势。因此,部分农村家庭不

---

① 赵美英.城市化进程中的农民集中居住研究[J].江苏工业学院学报(社会科学版),2008(2):65-69.

② 谢崇华等.上海郊区农民居住集中现状分析与对策[J].上海农业学报 2006,22(1):90-92.

愿意当前参与集中居住而丧失未来获取更大增值。当然许多处于城镇边缘区的农户,集中居住的主要形式将是动迁。这类集中居住往往按照宅基地面积置换产权房,以尚在"沉睡"状态的农村宅基地换取价值显化且可以自由上市并能随着时间不断增值的等面积产权房,积极性很高。

三、城市发展速度与水平

城市发展速度与水平影响郊区农民的收入和对现代生活环境的要求。上海越是快速发展,越会提高郊区居民的收入和居民素质,越会促使居民参与集中居住改革,谋求居住条件的改善,从而影响上海推进农村相对集中的工作预期与工作进程。随着城市发展水平的提高,城乡不断融合,城乡基础设施需要对接(见图 2-1)。这需要农村集中居住达到布局现代基础设施的基本门槛条件,而零散的农户居住是无法以较低的成本或较为合理的成本将农村基础设施现代化与城市基础设施对接。因此,上海快速发展与发展水平的提高将推动城乡融合和城乡一体化,影响农村集中居住。

第三节　影响上海推进农村居住相对集中的微观分析

一、宅基地房屋流转意愿

调查显示,农户对宅基地房屋流转的意愿总体较高,对以宅基地换房同时保持房屋面积不变的政策愿意最高。首先,在细分的 13 项意愿调查中,"宅基地房屋集中归并"意愿最高,有87.5%的青睐于这一选择。其主要原因是农村居民日趋感觉到当前农村居住分散、基础设施较差,城乡差距不断扩大,村庄空心化与房产破旧加剧,渴望通过农户居住集中促进房产升值和居住条件的现代化。其次,选择"置换到城市高层安置房"的农户占 79.4%。这种模式将农村房产转变为全产权房,会产生较大的溢价增值。最后,选择"置换到农村高层公寓"的农户占 76.5%。这种模式将农村破旧的、缺乏基础配套设施的居住变为配套设施较为齐全的集中居住区,并带来很大的集聚福利。

其他选择项目中,选择意愿比例在 30%—60%的依次是"置换到城市高层且部分货币化"(56.4%)、"置换到农村高层且部分货币化"(53.2%)、"出租给集体"(48.6%)、"处置权给集体"(44.3%)、"置换到较好区域的高层且面积根据差价调整"(43.6%)、"全货币化回购"(33.7%)。

显然,涉及"置换到城市高层且部分入股""置换到农村高层且部分入股""置换到城市高层且部分货币化部分入股""置换到农村高层且部分货币化部分入股"等类型额流转意愿普遍较低,分别为 30.1%、29.9%、29.1%、和29%(见表 4-1)。[①] 这主要由于农户对宅基地置换和货币化较为了解,感觉风险较小,因而流转意愿相对较高。而对出租给集体或处置权归集体感觉存在较大的不确定性,对调整到较好区位补齐差价受自身支付能力限制,全部货币化回购模式对农户而言可能无法获得未来房地产带来的高增值,故导致流转意愿较低。一般情况下,农户对入股分红、货币化安置等政策不甚了解,担忧利益受损,故流转意愿属于最低层次。

表 4-1　　　　　　农户对宅基地房屋流转政策的愿意　　　　单位:%

编号	类　型	比　重
1	宅基地房屋集中归并	87.5
2	置换到城市高层安置房	79.4
3	置换到农村高层公寓	76.5
4	置换到城市高层且部分货币化	56.4
5	置换到农村高层且部分货币化	53.2
6	出租给集体	48.6
7	处置权给集体	44.3
8	置换到较好区域的高层且面积根据差价调整	43.6
9	全货币化回购	33.7
10	置换到城市高层且部分入股	30.1
11	置换到农村高层且部分入股	29.9
12	置换到城市高层且部分货币化部分入股	29.1
13	置换到农村高层且部分货币化部分入股	29

资料来源:国家统计局上海调查总队.奉贤区农村宅基地使用状况及流转意愿调查报告,2018。

---

① 国家统计局上海调查总队.奉贤区农村宅基地使用状况及流转意愿调查报告[R].2018-12-26.

二、影响上海推进农村居住相对集中的微观分析

诚如上文所述,影响上海农村集中居住的深层次原因很多,既有来自农户群体的原因,也有来自地方政府的原因,还有其他宏观环境及集中居住项目的预期福利价值等多方面的影响。其中,最核心的、最直接的因素是农户家庭的意愿。如果农村家庭参与集中居住的意愿不足,再多的政府投资也无法形成农村相对集中居住。在政府推进农村居住相对集中较为主动和积极并提供若干政策和资金支持的情况下,农村居住相对集中推进的关键因素在于影响农户家庭的集中居住意愿。故本研究将以农户家庭的集中居住意愿为因变量,相关影响因素为解释变量,分析影响农村集中居住的深层次原因。

为此,本研究首先利用来自奉贤区的 3 100 个随机样本,构造模型(1),并进一步回归计算,得到表 4-2。然后利用来自闵行区的 439 个随机样本,构造模型(2),并回归计算,得到表 4-3。

$$\text{Logit}_{1-n} = \beta_0 + \beta_i x_i + \varepsilon_i \tag{1}$$

$\text{Logit}_{1-n}(n = 0, 1, 2, \cdots, N)$ 为被解释变量,即集中居住意愿(1=不愿意,2=说不清,3=愿意),具体而言,Logit_{1-0} 为总意愿,Logit_{1-1} 为出租给集体,Logit_{1-2} 为处置权给集体,Logit_{1-3} 为宅基地房屋集中归并,Logit_{1-4} 为全货币化回购,Logit_{1-5} 为置换到农村高层公寓,Logit_{1-6} 为置换到城市高层安置房,Logit_{1-7} 为置换到农村高层且部分货币化,Logit_{1-8} 为置换到城市高层且部分货币化,Logit_{1-9} 为置换到农村高层且部分入股,Q_{1-10} 为置换到城市高层且部分入股,Logit_{1-11} 为置换到农村高层且部分货币化部分入股,Logit_{1-12} 为置换到城市高层且部分货币化部分入股,Logit_{1-13} 为置换到较好区域高层且面积根据差价调整。

$X_i(i = 1, 2, 3, \cdots, N)$ 为相应的解释变量和控制变量。具体而言,X_1 为月租金的对数,X_2 为出租面积(m²),X_3 为户主年龄,X_4 为户主性别(1=男,0=女),X_5 为户主户口类型(1=农业,0=非农),X_6 为户主教育水平,X_7 为家庭规模(人),X_8 为宅基地实际拥有人数,X_9 为宅基地房屋面积,X_{10} 为宅基地房屋年龄,X_{11} 为家中劳动人口,X_{12} 为家中务农人口,X_{13}

为家中老人数(大于 60 岁),X_{14}为宅基地实际居住人数,X_{15}为家庭拥有商品房总面积。

β_0为常数项,$\beta_i(i=1,2,3,\cdots,N)$为自变量系数,$\varepsilon_i(i=1,2,3,\cdots,N)$为误差项。

$$\mathrm{Logit}_{2-n}=\alpha_0+\alpha_1 z_1+\alpha_2 z_2+\alpha_m z_m+\delta_j$$
$$(n=1,2;\ m=3,4,5,6,\cdots,N) \tag{2}$$

Logit_{2-n}为农户集中居住的两种方式,其中宅基地有偿退出 Logit_{2-1},整村置换为 Logit_{2-2}。

α_0为常数项,α_1、α_2、$\alpha_m(m=3,4,5,6,\cdots,N)$分别为相应解释变量和控制变量的系数。$z_1$、$z_2$ 分别为收入和宅基地面积。$z_m(m=3,4,5,6,\cdots,N)$为其他控制变量:其中 z_3 为建筑面积,z_4 为是否可重建,z_5 为房龄,z_6 为是否危房,z_7 开发民宿,z_8 户主年龄,z_9 为儿子数量,z_{10} 女儿数量,z_{11} 为性别。δ_j 为误差项。

农民是否参与农村集中居住,首先取决于集中居住的预期收益与当前农村住宅租金收益之差。此差异越大,农民越愿意参加农村集中居住项目,反之亦反。表 4-2 的模型回归显示,影响农村居住集中的关键因素主要有:集中居住类型、房租、出租面积、区位、年龄、务农人数、宅基地实际拥有人数量、家庭规模等。

房租与集中意愿大致呈反比例关系。也就是说,宅基地的区位越好,农户现状房租收入越高,农户集中居住的意愿越低。

租赁面积与集中居住意愿正比例关系,这主要由于当前农户住宅多是 20 世纪 80 年代至 90 年代建造的,房屋普遍老旧,出租价格很难提高。为此,农户希望通过集中居住,获取更好出租条件,得到更多出租租金收入。

户主的教育水平越高,越易接受宅基地换房＋入股等新的组合补偿形式。

宅基地面积越大,农户受到《上海市农村村民住房建设管理办法》的影响越大,越不愿意参与集中居住。

家中大于 60 岁人口越多,农户的集中居住意愿越低。家中劳动人口越多,务农人口越多,集中居住意愿越高(见表 4-2)。

表 4-2　　　　　　　　　　不同集中居住意愿的影响因素

被解释变量	(14) Logit$_{1-0}$	(1) Logit$_{1-1}$	(2) Logit$_{1-2}$	(3) Logit$_{1-3}$	(4) Logit$_{1-4}$
月租金的对数(X_1)	−0.239 *** (0.070)	0.029 (0.020)	0.006 (0.020)	0.031 (0.032)	0.009 (0.025)
出租面积(X_2)	0.019 *** (0.005)	0.003 ** (0.001)	0.004 ** (0.001)	0.001 (0.002)	−0.000 (0.002)
户主年龄(X_3)	0.007 (0.018)	−0.003 (0.005)	−0.005 (0.005)	0.002 (0.008)	0.012 * (0.007)
户主性别(X_4)	−0.639 (0.414)	−0.015 (0.117)	−0.042 (0.113)	−0.085 (0.189)	0.137 (0.148)
户主户口类型(X_5)	0.463 * (0.274)	−0.178 ** (0.077)	−0.184 ** (0.075)	0.635 *** (0.121)	0.219 ** (0.097)
户主教育水平(X_6)	0.255 (0.164)	0.024 (0.047)	0.031 (0.046)	0.064 (0.074)	−0.017 (0.059)
家庭规模(X_7)	−0.368 ** (0.182)	0.071 (0.052)	0.074 (0.050)	−0.036 (0.082)	−0.248 *** (0.064)
宅基地实际拥有人数(X_8)	0.416 *** (0.145)	0.004 (0.041)	−0.001 (0.039)	0.100 (0.065)	0.157 *** (0.053)
宅基地房屋面积(X_9)	−0.011 *** (0.001)	−0.002 *** (0.000)	−0.002 *** (0.000)	−0.004 *** (0.001)	−0.002 *** (0.000)
宅基地房屋年龄(X_{10})	0.068 *** (0.013)	0.014 *** (0.004)	0.008 ** (0.004)	0.041 *** (0.005)	0.027 *** (0.004)
家中劳动人口(X_{11})	0.394 *** (0.137)	−0.132 *** (0.038)	−0.138 *** (0.037)	0.021 (0.061)	0.151 *** (0.050)
家中务农人口(X_{12})	1.241 *** (0.196)	0.151 *** (0.052)	0.191 *** (0.052)	−0.093 (0.084)	0.105 (0.081)
家中老人数(X_{13})	−0.265 (0.193)	−0.173 *** (0.054)	−0.180 *** (0.052)	−0.039 (0.085)	−0.152 ** (0.069)
宅基地实际居住人数(X_{14})	−0.196 ** (0.089)	−0.096 *** (0.025)	−0.077 *** (0.024)	−0.057 (0.038)	−0.079 ** (0.032)
家庭拥有商品房总面积(X_{15})	0.004 ** (0.002)	0.000 (0.000)	0.001 ** (0.000)	0.001 * (0.001)	−0.001 (0.001)
常数项	30.788 *** (3.528)				
样本量	3 100	3 100	3 100	3 100	3 100
R-squared	0.080				

（续表）

被解释变量	(5) $Logit_{1-5}$	(6) $Logit_{1-6}$	(7) $Logit_{1-7}$	(8) $Logit_{1-8}$	(9) $Logit_{1-9}$
月租金的对数(X_1)	−0.003 (0.024)	0.009 (0.025)	−0.097*** (0.020)	−0.092*** (0.020)	−0.087*** (0.020)
出租面积(X_2)	0.002 (0.002)	−0.000 (0.002)	0.004*** (0.001)	0.003** (0.001)	0.005*** (0.001)
户主年龄(X_3)	0.006 (0.006)	0.012* (0.007)	0.006 (0.005)	0.004 (0.005)	0.001 (0.005)
户主性别(X_4)	−0.313** (0.154)	0.137 (0.148)	−0.205* (0.119)	−0.159 (0.120)	−0.262** (0.112)
户主户口(X_5)	0.299*** (0.092)	0.219** (0.097)	0.180** (0.077)	0.014 (0.078)	0.175** (0.076)
户主教育水平(X_6)	−0.018 (0.056)	−0.017 (0.059)	0.052 (0.046)	0.041 (0.047)	0.124*** (0.045)
家庭规模(X_7)	−0.105* (0.063)	−0.248*** (0.064)	−0.111** (0.051)	−0.129** (0.052)	−0.082 (0.051)
宅基地实际拥有人数(X_8)	0.000 (0.050)	0.157*** (0.053)	0.081** (0.041)	0.136*** (0.041)	0.131*** (0.040)
宅基地房屋面积(X_9)	−0.002*** (0.000)	−0.002*** (0.000)	−0.002*** (0.000)	−0.002*** (0.000)	−0.002*** (0.000)
宅基地房屋年龄(X_{10})	0.020*** (0.004)	0.027*** (0.004)	0.011*** (0.004)	0.011*** (0.004)	0.008** (0.004)
家中劳动人口(X_{11})	0.036 (0.048)	0.151*** (0.050)	0.100*** (0.038)	0.164*** (0.039)	0.155*** (0.037)
家中务农人口(X_{12})	0.222*** (0.079)	0.105 (0.081)	0.238*** (0.060)	0.218*** (0.061)	0.231*** (0.053)
家中老人数(X_{13})	−0.119* (0.066)	−0.152** (0.069)	−0.013 (0.054)	0.042 (0.055)	0.033 (0.054)
宅基地实际居住人数(X_{14})	−0.003 (0.030)	−0.079** (0.032)	−0.035 (0.025)	−0.080*** (0.025)	0.015 (0.025)
家庭拥有商品房总面积(X_{15})	0.001** (0.001)	−0.001 (0.001)	0.001** (0.000)	0.000 (0.000)	0.001** (0.000)
常数项					
样本量	3 100	3 100	3 100	3 100	3 100
R-squared					

（续表）

被解释变量	(10)	(11)	(12)	(13)
	Logit$_{1-10}$	Logit$_{1-11}$	Logit$_{1-12}$	Logit$_{1-13}$
月租金的对数(X_1)	−0.080*** (0.019)	−0.077*** (0.019)	−0.070*** (0.019)	−0.035* (0.020)
出租面积(X_2)	0.005*** (0.001)	0.004*** (0.001)	0.004*** (0.001)	0.005*** (0.001)
户主年龄(X_3)	0.000 (0.005)	0.003 (0.005)	0.004 (0.005)	−0.005 (0.005)
户主性别(X_4)	−0.223** (0.112)	−0.170 (0.111)	−0.152 (0.112)	−0.004 (0.116)
户主户口(X_5)	0.148* (0.076)	0.235*** (0.076)	0.222*** (0.075)	−0.095 (0.076)
户主教育水平(X_6)	0.111** (0.045)	0.065 (0.045)	0.078* (0.045)	−0.031 (0.046)
家庭规模(X_7)	−0.120** (0.051)	−0.086* (0.051)	−0.112** (0.050)	−0.114** (0.052)
宅基地实际拥有人数(X_8)	0.163*** (0.040)	0.089** (0.040)	0.121*** (0.040)	0.140*** (0.041)
宅基地房屋面积(X_9)	−0.002*** (0.000)	−0.002*** (0.000)	−0.002*** (0.000)	−0.002*** (0.000)
宅基地房屋年龄(X_{10})	0.008** (0.004)	0.005 (0.004)	0.004 (0.004)	0.013*** (0.004)
家中劳动人口(X_{11})	0.173*** (0.037)	0.173*** (0.037)	0.173*** (0.037)	0.121*** (0.039)
家中务农人口(X_{12})	0.241*** (0.054)	0.238*** (0.053)	0.263*** (0.054)	0.499*** (0.066)
家中老人数(X_{13})	0.019 (0.054)	0.013 (0.053)	−0.002 (0.053)	0.033 (0.055)
宅基地实际居住人数(X_{14})	−0.003 (0.025)	0.008 (0.024)	0.004 (0.024)	−0.018 (0.025)
家庭拥有商品房总面积(X_{15})	0.001** (0.000)	0.001** (0.000)	0.001* (0.000)	0.001 (0.000)
常数项				
样本量	3 100	3 100	3 100	3 100
R-squared				

Standard errors inparentheses

*** $p<0.01$，** $p<0.05$，* $p<0.1$

表 4-3　　　　　　　　　　不同集中居住意愿的影响因素

被解释变量	(1) 有偿退出宅基地愿意（Logit$_{2-1}$）	(2) 整村置换愿意（Logit$_{2-2}$）
收入(Z_1)	-0.0386** (0.0162)	-0.0141 (0.0229)
宅基地面积(Z_2)	-0.457 (0.406)	1.437** (0.627)
建筑面积(Z_3)	0.00659 (0.205)	-0.0663 (0.305)
重建(可重建翻修=1,其他=0,Z_4)	-0.490** (0.219)	0.0473 (0.341)
房龄(Z_5)	-0.189 (0.126)	-0.0794 (0.189)
危房(危房=1,非危房=0,Z_6)	0.146 (0.242)	-0.0757 (0.375)
民宿(开发为民宿=1,不开发为民宿=0,Z_7)	1.158*** (0.213)	0.912*** (0.298)
户主年龄(Z_8)	-0.0162* (0.00873)	0.00628 (0.0132)
儿子数量(Z_9)	0.338 (0.206)	0.351 (0.338)
女儿数量(Z_{10})	0.0841 (0.184)	0.147 (0.307)
性别(男性=1,女性=0,Z_{11})	0.681*** (0.200)	0.0416 (0.302)
常量		-0.364 (0.988)
样本数量	439	433

Standard errors inparentheses
*** $p<0.01$, ** $p<0.05$, * $p<0.1$

从表 4-3 可以看出,在农民对住宅未来预期一定的情况下,收入与农村集中居住意愿呈负向关系。来自住宅租金收入越高,农民住宅租金的未来收入与当前收入之差越小,农民越不愿意集中居住。

宅基地面积越大,农户越愿意参加整村置换。其内在动因是整村置换可以不改变生产生活方式,让居住房屋质量提高,并享有新集中居住点良好的基础设施配套。通常整村的平移农户基本没有为集中居住额外支付的压力,若现有住房状况较好,可能还会因集中居住中政府的补贴而获得额外的富余收入。若置换到农村高层,也可以在基本生活习惯不需要过大的改变而受到农户的欢迎。若进行的是置换产权房,宅基地面积越大,农户可能换到更大的产权房。另外,整村置换到农村还是城镇,既有的邻里关系得到持续的维护,原有的文化氛围继续存在,农户不会产生生疏感。

虽然宅基地面积大小对有偿退出不显著,但符号是负的,说明宅基地面积越大,农户越不愿意有偿退出。这与农民不愿意在空间上“以大换小”,也有对家乡的天然依恋大有关系。

是否允许重建对宅基地有偿退出呈负相关关系。农户的乡村住宅通常是不允许翻修的。也就是说,若允许返修,农户愿意按照现代房屋结构,重新改造既有住宅,则不愿意有偿退出。但对是否整村置换没有影响。如果原有住房可以开发民宿,那么无论是有偿退出还是整村置换,都受欢迎。

第五章 上海推进农村居住相对集中的潜力分析

第一节 农村集中居住的综合潜力的支持结构

潜力是潜在的尚未发挥出来的力量(或社会经济、文化、政治等事象的发展),是一种未来变成有效实践的能力,且在可预见的未来具有很大的可能性。一种潜力是否可以发挥出来变成现实力量,决定于孕育、蕴藏和支持这种潜力的现实资源基础、空间和能力,决定于激发和保证这种潜力实施的条件,决定于潜力发挥和实现后对紧密的相关利益者的影响和综合福利效应。显然,若某种力量(事象)的潜力越大,意味着其现实资源基础和孕育蕴藏能力越强,激发其实现的保证条件优越,产生效果对相关利益者的福利增加越是明显,自然具有加快潜力开发的期待和可行性。如果仅有潜在的尚未发挥出来的力量(事象)且其资源基础雄厚、孕育能力无限,但根本没有激发和保障实施的条件,这种潜力的现实性就很小。如果仅有潜在的尚未发挥出来的力量(事象)且其资源基础雄厚、孕育能力无限,但对相关利益者影响是负面的,也难以叫作潜力。因此,潜力是由"具有尚未发挥的力量(事象)且具有基础资源和孕育能力""激发和保障实施的条件"和"相关利益者福利的明显增加"三个要素的有机作用,共同"合成"的。这三个要素呈现三位一体,缺一不可。

农村集中居住的潜力首先决定于其基本的物质基础:农户多寡、分散程度、宅基地的规模及节约潜力;其次决定于推进农村集中居住实现的资金供给潜力和激发与保障实施条件;再次是农村集中推进后的福利增加潜力和意愿提升能力。三个方面的要素共为一体,任何一个要素都不可或缺。

第二节　基于核心要素对农村集中居住的潜力分析

诚如上文分析,潜力决定于基本的物质基础、激发和实施的保障条件及相关利益者的福利效应。对农村集中居住来说,其最重要的基础物质条件是农户多寡及宅基地占有情况及节约的可能性,其最基本的保障条件是资金供给平衡能力,其最紧密的利益相关者是农户,福利效应是决定农户是否积极参与并推动实现农村集中居住的关键与核心。因此,本书在农村集中居住潜力分析中首先对这三类核心要素进行综合分析,然后进一步对各镇推进农村集中居住进行定量分析。

一、农户集中居住及节地潜力分析

1. 上海农户宅基地占有及节地潜力综合分析

总体而言,上海的农户宅基地主要集中在浦东、奉贤、青浦、嘉定、松江、金山、宝山和崇明(见图 5-1),上海农村住宅的用地大多超标。如按照奉贤 3 100 个农户统计,平均每户超标宅基地 134 平方米。根据第二次和第三次农业普查,2006 年上海农村宅基地面积 29.99 万亩,到 2016 年变为 34.63 万亩,增加了 15.33%。

根据上海城策行建筑规划设计咨询有限公司和上海城市房地产估价有限公司测算,2011—2016 年上海农户宅基地面积不降反增。对 2011 年和 2016 年农村宅基地总量分析发现,2010—2016 年上海农村宅基地从 477 平方公里增加到 514 平方公里,净增加 37 平方公里,其中空闲宅基地从 5 平方公里增加到 99 平方公里,净增加 94 平方公里,而非空闲宅基地从 472 平方公里增加到 415 平方公里,净减少 57 平方公里。[①] 从农户分布密集的四个区来看,2011—2016 年崇明、金山、闵行三区分别减少 2.04 平方公里、0.56 平方公里和 2.55 平方公里,而浦东则增加 26.21 平方公里(见表 5-1)。

---

① 资料来源:上海城策行建筑规划设计咨询有限公司,上海城市房地产估价有限公司.上海农民宅基地若干政策研究报告[R].2018-10-26.

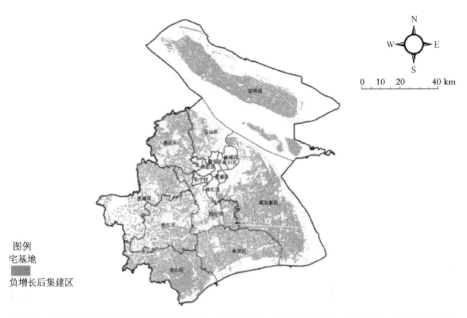

区名	面积/公顷	占比%	区名	面积/公顷	占比%
宝山区	1 670	3.50	青浦区	4 053	8.49
崇明区	11 419	21.92	松江区	3 462	7.25
奉贤区	4 979	10.43	徐汇区	61	0.13
嘉定区	3 947	8.27	静安区	9	0.02
金山区	4 011	8.40	长宁区	63	0.13
闵行区	2 713	5.60	虹口区	0	0
浦东新区	11 202	21.47	黄浦区	0	0
普陀区	143	0.49	小计	47 132	100

图 5-1　上海宅基地空间分布图

资料来源:上海城策行建筑规划设计咨询有限公司、上海城市房地产估价有限公司,上海农民宅基地若干政策研究报告,2018.10。

表 5-1　　　　上海四区 2011 年和 2016 年农村宅基地对比表 单位:平方公里

各区农村宅基地总量分析(空闲农村宅基地+非空闲农村宅基地)			
区名	2011 年	2016 年	差值(2016—2011)
崇明	114.19	112.15	−2.04
金山	40.11	39.54	−0.56
闵行	27.13	24.58	−2.55
浦东	112.04	138.25	26.21

（续表）

各区非空闲农村宅基地总量分析			
区名	2011 年	2016 年	差值(2016—2011)
崇明	114.04	110.52	−3.52
金山	39.08	36.39	−2.69
闵行	26.49	17.60	−8.90
浦东	110.29	91.99	−18.30
各区空闲农村宅基地总量分析			
区名	2011 年	2016 年	差值(2016—2011)
崇明	0.15	1.63	1.48
金山	1.03	3.16	2.13
闵行	0.63	6.98	6.34
浦东	1.75	46.26	44.50

资料来源:上海城策行建筑规划设计咨询有限公司、上海城市房地产估价有限公司,上海农民宅基地若干政策研究报告,2018-10。

根据第三次农业普查资料,2016 年上海共有 70.95 万农户、1 583 个村级单位、125 个乡镇及涉农街道园区、5 703 个农业经营单位,29 941 个自然村。登记农户的宅基地总面积为 34.63 万亩,其中浦东新区的农村宅基地面积最大,占全部农户宅基地的 27.64%;第二是崇明,占到全部农户宅基地的 17.4%;第三是嘉定,占到全部农户宅基地的 10.92%;第四是奉贤,占到全部农户宅基地的 10.56%;其余依次是金山、青浦、松江、闵行、宝山,其农村宅基地面积占全部农村宅基地面积的比重依次为 9.97%、9.04%、5.66%、4.77% 和 4.03%。

若根据已有实践和规划要求,农村居住集中对居住用地的节约应当大于等于 30%。其中,平移集中模式的节地率需要大于等于 30%,上楼集中模式的节地率大于等于 40%,放弃农村居住的模式,节地率 100%(见表 5-2)。

表 5-2　　　　　　　上海农村居民点宅基地整理潜力分析

区名＼指标	各区宅基地面积(亩)	各镇宅基地面积占比(%)	20%节约宅基土地(万亩)	30%节约宅基土地(万亩)	40%节约宅基土地(万亩)	50%节约宅基土地(万亩)	60%节约宅基土地(万亩)
闵行区	16 527.5	4.77	0.33	0.50	0.66	0.83	0.99
宝山区	13 959.3	4.03	0.28	0.42	0.56	0.70	0.84
嘉定区	37 808.7	10.92	0.76	1.13	1.51	1.89	2.27

（续表）

指标 区名	各区宅基地面积（亩）	各镇宅基地面积占比（％）	20％节约宅基土地（万亩）	30％节约宅基土地（万亩）	40％节约宅基土地（万亩）	50％节约宅基土地（万亩）	60％节约宅基土地（万亩）
浦东新区	95 713.2	27.64	1.91	2.87	3.83	4.79	5.74
金山区	34 539.7	9.97	0.69	1.04	1.38	1.73	2.07
松江区	19 608.3	5.66	0.39	0.59	0.78	0.98	1.18
青浦区	31 294.9	9.04	0.63	0.94	1.25	1.56	1.88
奉贤区	36 576.7	10.56	0.73	1.10	1.46	1.83	2.19
崇明区	60 247.9	17.40	1.20	1.81	2.41	3.01	3.61
合计	346 276.2	100.00	6.93	10.39	13.85	17.31	20.78

资料来源：根据第三次农业普查资料计算。

因此，上海农村集中居住的节地率若分别按照30％、40％、50％和60％计算，全部农户集中居住后大致可以节省居住类土地面积在10.39万—20.78万亩之间。就上海农村集中居住的区域分异特征看，浦东节地潜力最大，可在2.87万—5.74万亩之间，而节地最少的是宝山，在0.42万—0.84万亩之间（见表5-2）。

从各镇看，农户占有宅基地面积的差异很大。其中，农户宅基地面积最大的为537.3平方米，最小的为48.7平方米（见表5-3）。

根据《上海市农村村民住房建设管理办法》，5人户及5人以下户的宅基地面积不超过140平方米、建筑占地面积不超过90平方米。而上海2016年按照户籍人口和常住人口统计，户均人口2.78人，户籍人口户均宅基地182.05米，户均超标42.05平方米（见表5-4），户均面积与2006年农业普查结果基本一致。若按照上海第三次农业普查登记户数，2016年上海户均宅基地329.7平方米，户均超标189.7平方米，总计约计超标13 288.28平方米（199 224.5亩）。另外，根据第三次农业普查资料，上海全家外出户和外出3年以上的外出户分别为240 513户和149 206户，全家外出人口717 217人，其中全家外出3年及以上人口449 726人。这些外出户和3年以上外出户产生的闲置面积宅基地为4 377.34万平方米（65 627.24亩）和2 715.55万平方米（40 712.88亩）。可见，总体而言，上海农村人均居住面积明显超过了《上海市农村村民住房建设管理办法》规定，通过集中居住可以显著节约农村用地，具有明显的节地潜力。

表 5-3　　　　　　　　各镇农户户均宅基地　　　　　单位：平方米

闵行区		大团镇	412.9	盈浦街道	124.0
新虹街道	78.7	康桥镇	188.2	香花桥街道	127.0
浦锦街道	170.7	航头镇	233.9	朱家角镇	147.1
七宝镇	173.3	祝桥镇	137.7	练塘镇	141.3
颛桥镇	67.3	泥城镇	73.8	金泽镇	199.3
华漕镇	150.9	宣桥镇	80.9	赵巷镇	112.4
梅陇镇	123.4	书院镇	150.7	徐泾镇	84.9
吴泾镇	108.5	万祥镇	72.0	华新镇	274.2
马桥镇	179.6	老港镇	162.0	重固镇	316.6
浦江镇	155.1	南汇新城镇	75.0	白鹤镇	342.8
宝山区		高东镇	165.3	奉贤区	
友谊路街道	181.1	张江镇	230.7	西渡街道	231.6
罗店镇	167.4	三林镇	212.3	南桥镇	122.1
大场镇	86.2	惠南镇	138.1	奉城镇	174.4
杨行镇	145.6	周浦镇	107.1	庄行镇	164.0
月浦镇	303.5	新场镇	81.3	金汇镇	191.3
罗泾镇	253.7	金山区		四团镇	168.3
顾村镇	308.1	朱泾镇	197.5	青村镇	200.9
庙行镇	332.5	枫泾镇	356.1	柘林镇	200.7
宝山城市工业园区	328.7	张堰镇	195.9	海港开发区	87.3
嘉定区		亭林镇	192.8	崇明区	
新成路街道	428.5	吕巷镇	208.0	城桥镇	138.3
菊园新区管委会	141.8	廊下镇	172.0	堡镇	166.4
南翔镇	129.5	金山卫镇	208.2	新河镇	152.5
安亭镇	240.6	漕泾镇	181.4	庙镇	185.6
马陆镇	168.5	山阳镇	133.7	竖新镇	207.6
徐行镇	479.5	金山工业区	130.0	向化镇	129.4
华亭镇	537.3	松江区		三星镇	183.6
外冈镇	193.7	永丰街道	63.7	港沿镇	217.9
江桥镇	290.3	广富林街道	240.5	中兴镇	135.7
嘉定工业区	48.7	泗泾镇	214.6	陈家镇	94.3
浦东新区		佘山镇	73.7	绿华镇	206.2
川沙新镇	242.9	车墩镇	337.2	港西镇	170.5
高桥镇	103.3	泖港镇	307.0	建设镇	236.7
北蔡镇	83.0	石湖荡镇	99.6	长兴镇	77.5
合庆镇	161.8	新浜镇	165.2	新村乡	184.3
唐镇	181.7	叶榭镇	174.6	横沙乡	159.1
曹路镇	165.6	青浦区			
高行镇	221.2	夏阳街道	321.5		

资料来源：上海市第三次农业普查领导小组办公室、上海市统计局、国家统计局上海调查总队、周亚、朱章海，上海市第三次农业普查综合资料数据库。

表 5-4　　　　　　　**2006 年和 2016 年上海农村居民居住情况**

	2006 年	2016 年	
	按照常户籍计算	按照登记户计算	按照户籍户计算
户数(户)	1 211 248	700 644	1 268 675
拥有住宅面积合计(平方米)	220 705 557	230 687 037	230 962 284
户均拥有住宅面积(平方米/户)	182.2	329.65	182.05
居住面积合计(平方米)	179 981 806	—	—
户均居住面积(平方米/户)	148.6	—	—

资料来源:国家统计局上海调查总队,上海第二次农业普查资料和上海第三次农业普查资料。

2. 对若干涉农区农户集中居住与村庄布局变化分析

当前,农村进一步集中居住的过程主要表现为若干自然村不断撤并缩减,而部分发展条件较好的中心村不断扩大,农村郊野连片,经营更加规模化。本节将基于上海第二次和第三次农业普查,结合奉贤、嘉定、崇明、金山、宝山、青浦、松江、浦东等土地规划(2017—2035 年),根据保留村、保护村和撤并村的数量关系,进一步分析上海农村集中居住空间变化及其节地潜力。

(1) 奉贤区村庄布局变化分析

根据村庄规划,奉贤村庄数量将由 2016 年的 2 557 个减少到 2020 年的 2 347 个,到 2035 年将撤并 100 个行政村,仅保留 66 个行政村,其中包括 280 个自然村,4 个保护村,农村地区的常住人口 6 万人左右。[①] 2016—2040 年的自然村(村民小组)撤并率为 88.78%,其中除了庄行镇的撤并率为 83.52%外,其余的西渡街道、金汇镇、柘林镇、奉城镇、四团镇、青村镇、南桥镇等撤并率都超过 90%,奉城镇的撤并率将达到 98.57%[见表 5-5 及图 5-2 (a)和 5-2(b)]。

(2) 嘉定区村庄布局变化分析

2016 年,嘉定区下辖行政村 146 个,总计 8.5 万户 21 万人。其农村集中居住的基本方式是根据现状、预测未来的发展潜力和空间,将现状村庄划分为保护型、保留型和撤并型 3 类村庄,分类指导,协同发展。预计到 2040 年,

---

① 上海市奉贤区人民政府,上海市规划和自然资源局.上海市奉贤区总体规划暨土地利用总体规划 (2017—2035),2019-3.

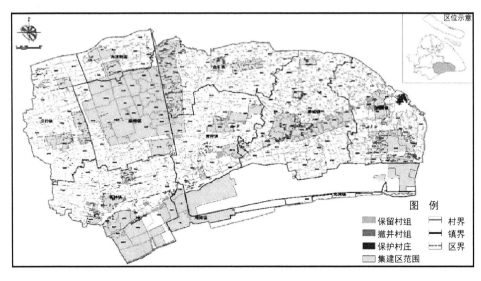

图 5-2(a)　奉贤区村庄布点规划(2016—2020 年)

资料来源：http://www.fengxian.gov.cn/shfx/subbmfw/20160628/003001_75475f1a - 09fe - 4b3b - 84fb - 12e998768c5c.htm。

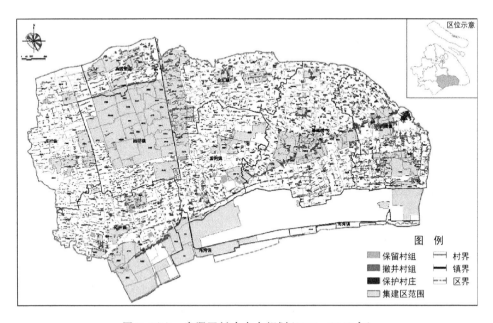

图 5-2(b)　奉贤区村庄布点规划(2016—2040 年)

资料来源：http://www.fengxian.gov.cn/shfx/subbmfw/20160628/003001_75475f1a - 09fe - 4b3b - 84fb - 12e998768c5c.htm。

表 5-5　奉贤近期-远期村庄规划布局

	现状（2016 年）	2020 年	2016—2020 年撤并率（%）	2040 年	2020—2040 年撤并率（%）	2016—2040 年撤并率（%）
南桥镇	规划范围包括 27 个行政村，其中有 17 个行政村的居民点已基本完成动迁，尚有行政村 10 个，村民小组 141 个，居民点用地面积约 231.6 公顷，人口约 1.9 万人	保留村民小组 118 个，撤并村民小组 23 个，撤并用地面积约 23.5 公顷，涉及人口约 0.2 万人	16.31	保留村民小组 13 个，撤并村庄 105 个，撤并用地面积约 167.7 公顷，涉及人口约 1.3 万人	74.47	90.78
西渡街道	规划范围包括 8 个行政村，141 个村民小组，居民点用地面积约 265 公顷，人口约 2.3 万人	保留村民小组 122 个，撤并村民小组 19 个，撤并用地面积约 29.6 公顷，涉及人口约 0.3 万人	13.48	保留村民小组 10 个，撤并村庄 112 个，撤并用地面积约 214 公顷，涉及人口约 1.9 万人	79.43	92.91
金汇镇	规划范围包括 18 个行政村，346 个村民小组，居民点用地面积约 629.5 公顷，人口约 4.6 万人	保留村民小组 275 个，撤并村民小组 71 个，撤并用地面积约 144 公顷，涉及人口约 1.3 万人	20.52	保留村民小组 33 个，撤并村庄 242 个，撤并用地面积约 400.5 公顷，涉及人口约 2.7 万人	69.94	90.46
青村镇	规划范围包括 24 个行政村，301 个村民小组，居民点用地面积约 645 公顷，人口约 4.1 万人	保留村民小组 264 个，撤并村民小组 37 个，撤并用地面积约 424.3 公顷，涉及人口约 2 万人	12.29	保留村民小组 15 个，撤并村庄 249 个，撤并用地面积约 115.3 公顷，涉及人口约 1.1 万人	82.72	95.02

（续表）

	现状（2016年）	2020年	2016—2020年撤并率（%）	2040年	2020—2040年撤并率（%）	2016—2040年撤并率（%）
庄行镇	规划范围包括16个行政村，374个村民小组，居民点用地面积约382公顷，人口约4.1万人	保留村民小组268个，撤并村民小组106个，撤并用地面积约71.8公顷，涉及人口约0.4万人	13.25	保留村民小组70个，撤并村庄198个，撤并用地面积约183.7公顷，涉及人口约2.2万人	70.27	83.52
奉城镇	规划范围包括41个行政村，619个村民小组，居民点用地面积约1 118公顷，人口7.4万人	保留村民小组537个，撤并村民小组82个，撤并用地面积211.2公顷，涉及人口约1.3万人	18.29	保留村民小组102个，撤并村庄435个，撤并用地面积约625.1公顷，涉及人口约4.3万人	80.29	98.57
柘林镇	规划范围包括21个行政村及350个村民小组，居民点用地面积约686公顷，人口约4.8万人	保留村民小组286个，撤并村民小组64个，撤并用地面积约213.3公顷，涉及人口约1.1万人	23.94	保留村民小组5个，撤并村庄281个，撤并用地面积约422公顷，涉及人口约3.4万人	67.61	91.55
四团镇	规划范围包括26个行政村，426个村民小组，居民点用地面积约864.6公顷，人口约5.7万人	保留村民小组324个，撤并102个，撤并用地面积约186.1公顷，涉及人口约1.4万人	16.31	保留村民小组36个，撤并村庄288个，撤并用地面积约588.5公顷，涉及人口约3.8万人	74.47	90.78

资料来源：http://www.fengxian.gov.cn/shfx/subbmfw/20160628/003001_75475f1a-09fe-4b3b-84fb-12e998768c5c.htm。

嘉定区农村宅基地总面积为 14.9 平方公里,2.6 万农户,其中保留型村庄约
2 万户,保护型村庄约 0.6 万户,其余为撤并村庄,保护和保留型村庄涉及人
口约 9 万人。保护型村庄主要包括水乡"肌理"清晰的毛桥,早期水乡商业集
市葛隆村和水乡田园村落大裕村。具体而言,农村宅基地以北部徐行、华
亭、外冈和工业区(北区)、马陆东部地区及外冈地区为主,而撤并区主要分
布在菊园、江桥、南翔等中南部地区(见图 5-3)。①

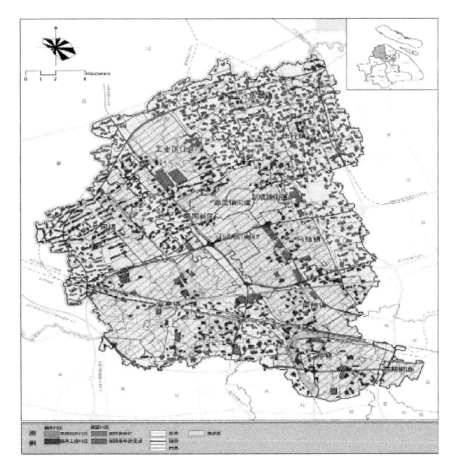

图 5-3　嘉定区村庄布点规划图(2014—2035 年)

　　资料来源:上海市嘉定区人民政府、上海市规划和自然资源局,上海市嘉定区总体规划暨土
地利用总体规划(2017—2035),2019.3,https://baijiahao.baidu.com/s? id=1619010825560
837211&wfr=spider&for=pc。

---

　　①　上海市嘉定区人民政府,上海市规划与国土管理局。上海市嘉定区总体规划暨土地利用总
体规划(2017—2035),2018-5.

（3）崇明村庄布局变化分析

崇明区的农户较多，农村集中居住任务十分繁重。2016 年崇明区拥有 246 944 个农村户籍户约 55.61 万人。其村行政区域面积81 823.7公顷，包括 5 823 个自然村。其行政村集体经营性建设用地面积 6 977.5 亩，宅基地面积 60 247.9 亩（国家统计局上海调查总队，2019）。根据规划，崇明的 40 个左右的村庄作为特色村继续保留，将位于"三线两高地区、生态走廊、规划控制线"[①]区域内的村庄及分散型、规模较小、缺乏特色和发展潜力的村庄逐步撤并。将保留村庄中的绿华镇华西村、横沙乡丰乐村、建设镇浜东浜西村等确定为保护村，这主要因为它们具有"沟-堤-宅-田-塘"的村落空间形态和"套圩"空间"肌理"，整体结构清晰完整、历史文化底蕴深厚、建筑风貌和地域特色鲜明，深刻印记了独特的乡村生活方式、农业耕作方式和城乡人居环境（见图 5-4）。

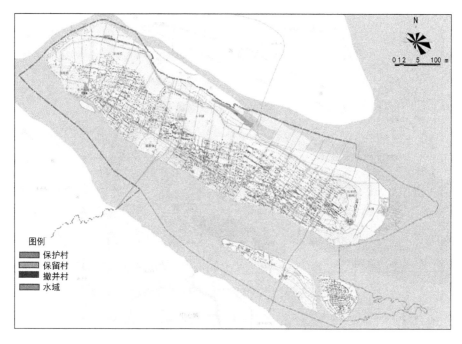

图 5-4　崇明区村庄布局变化（2017—2035 年）

资料来源：上海市崇明区人民政府、上海市规划与国土管理局，上海市崇明区总体规划暨土地利用总体规划(2017—2035)，2018.5。

---

①　"三线"包括永久基本农田线、生态保护红线、城市开发边界，"两高"包括高速公路、高压走廊及其他重大市政设施，"生态走廊"包括 1 条市级生态走廊和 10 条区级生态走廊，"规划控制线"包括各类规划道路红线、规划河道蓝线、规划绿线、规划黄线、水源保护区等。

（4）宝山区村庄布局变化分析

2016 年,宝山区有 103 个行政村,595 个自然村。行政村的区域面积为 21.76 万亩,集体经营性建设用地面积 1.38 万亩,宅基地面积 1.40 万亩。按 照规划,到 2035 年宝山区将保留 32 个村庄(含农民集中居住点),其中罗泾 镇洋桥村、罗店镇毛家农村及东南弄村等为保护村庄,其余的行政村和相关 自然村为撤并村庄,预计各村庄总人口将变为 2.5 万人。[①] 规划中的 30 多个 保留村都基本具备较好的发展潜力,或具备较大的规模。其发展着重保持 村庄格局,保持优化生态品质,发展特色产业,增加就业,提升居民收入水 平,完善基础服务设施,美化整体人居环境。保护类村庄主要以保持和可持 续性适度发展为基本目标,重点保持好基本的自然与人文风貌,保护好历史 文化古迹,适度开发文化休闲旅游业。撤并类村庄主要包括规模小,房屋破 旧,居住分散或位于安全敏感区或位于即将被城市化地区或即将被征为公 共设施或重大项目用地的村庄。这些村庄撤并方式主要通过进镇上楼或平 移或动迁来完成撤并。[②]

（5）青浦区村庄布局变化分析

2016 年,青浦区拥有行政村 184 个,自然村 1 408 个(其中有 21 个行政 村、283 个自然村位于城市开发边界内,163 个行政村、1 127 个自然村位于 城市开发边界外)。农户总量为 6.6 万户,总计 19.8 万人。按照规划,到 2035 年,保留村庄 125 个,保护村 19 个,保留 600 个自然村,撤并 40 个行政 村、808 个自然村,其基本格局可以参见图5-5。按照土地利用规划,青浦农村 居民点用地将从 2016 年的 40.47 平方公里减少到 2035 年的 10.99 平方公 里,缩减72.9%。保留下来的村庄常住人口规模降为 10.4 万人,撤并农居点 面积预计达到 29.48 平方公里。

（6）金山区村庄布局变化分析

2016 年金山农村宅基地 39.5 平方公里,规划到 2035 年乡村地区规划农 村居民点用地约 13.2 平方公里,减少 66.6%。农村宅基地主要位于朱泾、吕

---

① 上海市宝山区人民政府,上海市规划和自然资源局.上海市宝山区总体规划暨土地利用总体 规划(2017—2035),2019-3.

② 上海市松江区人民政府,上海市规划和自然资源局.上海市松江区总体规划暨土地利用总体 规划(2017—2035),2019-5.

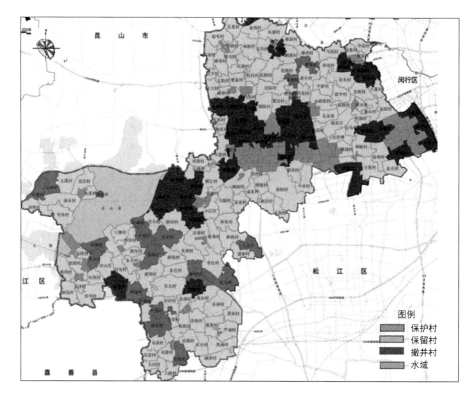

图 5-5   青浦区村庄规划布局(2017—2035 年)

资料来源:上海市青浦区人民政府、上海市规划和自然资源局,上海市青浦区总体规划暨土地利用总体规划(2017—2035),2018-6。

巷、金山镇北部、枫泾、亭林和廊下镇,东南部的漕泾、张堰、金山工业区、山阳镇的现有村庄将以撤并为主。[①] 通过保留、保护和新增农村居民点主要是那些具有较大的规模与较好发展潜力的农村居民点。[②] 这些居民点的集中布局将主要通过平移和撤并上楼完成(见图 5-6)。根据土地利用规划,未来农村集中居住区增加公共文化设施用地,增加公共服务设施和公共活动场所,进而可以形成 3—5 平方公里为服务半径的乡村社区生活圈,服务人口预计 0.3 万—1 万人。这将明显提升集中居住取得宜居性及农村居民的福利水平。

---

① 上海市金山区人民政府,上海市规划和自然资源局.上海市松江区总体规划暨土地利用总体规划(2017—2035),2018-7.

② 沈钰.2007 年上海市乡镇机构改革的实践与对策研究——以金山为例[D].上海交通大学,2010.

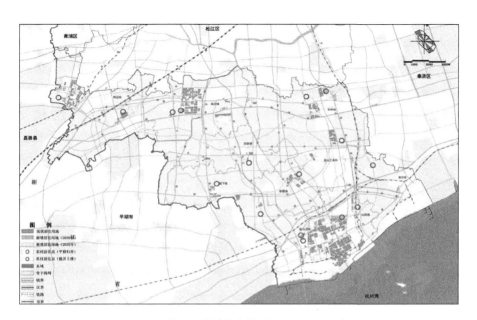

图 5-6　金山区村庄规划布局（2017—2035 年）

（7）松江区与浦东新区村庄布局变化分析

松江现有行政村行政区域面积 41 883.0 公顷,行政村自然村 1 202 个,政村集体经营性建设用地面积 5 223.9 亩,行政村宅基地面积 19 608.3 亩。至 2035 年,松江规划 47 个保留村,5 个保护村（黄桥、新镇、东夏、同建和下塘）,34 个撤并行政村及数百个自然村,保留保护村居民约 4.2 万人。① 目前,浦东新区的具有行政村面积 76 480.6 公顷,自然村 6 696 个。行政村集体经营性建设用地面积为 20 878.7 亩,宅基地面积 95 713.2 亩。未来浦东新区以航运、金融等现代服务业和生物医药、人工智能、半导体等先进制造业及战略性新兴产业为发展目标,除了少量的保护和保留村外,其他大部分村庄将被撤并或城镇化,保留和保护村庄主要分布在本区的南部和东北部地区。

---

① 上海市松江区人民政府,上海市规划和自然资源局.上海市松江区总体规划暨土地利用总体规划（2017—2035）,2019-5.

二、农村集中居住的资金平衡潜力分析

第一,区位良好的城区边缘、近郊区、镇区等节地出让价格高,可以依靠市场机制达到资金平衡的潜力很大。

第二,偏远的远郊每户集中居住项目需求的资金较少,政府较少的资金支持往往就可以使部分集中居住项目的资金需求得到满足。

第三,偏远郊区可以发挥和调动农户的积极性,政府以奖励和补贴方式,激励农户按照规划要求以自有资金在规划集中居住区建设新房,从而挖掘农户资金参与集中居住的潜力。

第四,通过升级统筹获取资金。如果区内统筹无法达到节地出让或出让价格偏低无法满足需求时,可以申请市级统筹,以节地指标换取统筹区的高价出让地块,完成集中居住资金筹措。

第五,不同镇的经济实力差异明显。有些镇拥有较为发达的工商业,每年的税收收入较多,或者在上海市域范围内的区位较好,土地出让金收入较多,因此有较强的财力,农村集中居住的资金平衡能力和潜力都很强。

三、集中居住的福利增加及意愿提升潜力分析

目前,多数村庄分布零散,生活、生产设施配套较差,有些自然村面临的环境问题突出,无法给予有效的环境设施配置和供给。由于宅基地归集体所有不能交易,其对农户的市场交易价值基本为零,多数房子呈现"老龄化",而翻建多因"临墙"无法单独行动。通过集中居住可以产生收入效应(土地增值)、节地效应、环境效应(生态增值)、社会文化效应、景观效应(修缮、保护及美化)(见图5-7),可以全面提升生产、生活水平和资产持有水平,具有提升总体福利的巨大潜力。

显然,在农村集中居住的过程中,最重要的利益相关者是政府和农户。政府作为农村集中居住的首要推动者,其重要责任和义务是改善农村居住,优化土地资源的配置,促进城乡融合,实现乡村振兴,提高农村福利水平。如果集中居住能够带来土地资源的节约越多,表明农村集中居住的节地潜力越大,也就越能平衡集中居住成本,促进政府推动农村集中居住的积极性。如果政府的财政收入越多,政府周转农村集中居住的资金能力越大,政

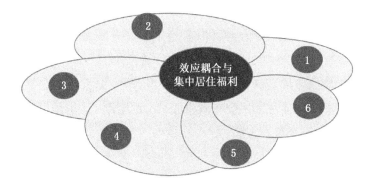

图 5-7　农村集中居住的叠加效应示意图

注:1.收入效应(土地增值);2.节地效应;3.环境效应(生态增值);4.社会文化效应;5.景观效应(历史文化、自然景观保护、现代景观设施构建);6.其他效应[如综合实力增强,设施与技术更加先进,竞争力和承受外部负面冲击的能力(如自然灾害、经济波动等)增加,可持续发展能力提升]。

府财政直接支持农村集中居住点基础设施建设资金越多,支付给农村集中居住参与农户的补贴能力就越充足,表明政府平衡农村集中居住的财政/资金供给潜力越大,就越有利于调动政府推动农村集中居住的积极性,对农村集中居住的推动力越强。

农户意愿大小是推动农村集中居住的核心,政府的决心、政策和施政者能力是必要条件。如果政府的政策科学合理,政府的支持力度足够大,集中居住房屋建筑的面积和结构满足农户家庭的前提下,农村集中居住会进一步为农户家庭带来可观的直接经济补偿收入,如就业的增加、环境的美化、生活生产设施的现代化、便利化等,促使入住农户家庭整体福利的显著提高,必然会大幅提高农户家庭参与集中居住的意愿,形成拉动农村集中居住的强劲动力。农村居民集中居住前的福利水平越低,集中居住后的福利增加越多,农户参与集中居住的潜在动力就越大。

具体而言,决定农户家庭意愿提高和农户家庭集中居住潜力的因素主要表现在如下几个方面:

首先,人口城镇化在快速推进,很多农户离开农业经营,转而从事服务业或工业,具有放弃宅基地而在城镇置业的意愿。

其次,人口老龄化,需要宜老、养老的环境。只有集中居住区才能达到投资养老建设基础设施的"门槛",建设的养老基础设施才更有效率,政府及相关主体的投资建设积极性才更高,养老环境与设施才更加完备。因此,随着农村家庭人口的老龄化进一步加深,集中居住意愿会在一定程度上得到提高。

再次,人均收入的提高,需要更好的环境、医疗保健、文化娱乐、交通设施等,这些只有集中居住区才会有效供给、充足供给。这也是提升农村居民集中居住意愿的一个重要方面。

最后,提供宅基地置换集中居住区"住房+保障+股份+货币+其他"的多种灵活组合方式,将给予农户更多的选择,也具有提升农户参与农村集中居住的意愿,增加农户参与集中居住的潜力。

第三节　各镇农村集中居住潜力的主成分分析

为了综合衡量农村集中居住的潜力,本研究根据上文分析,进一步构造指标体系,通过各指标的综合集成加以度量。具体而言,决定农村进一步集中居住的指标可以归结为三个方面:

其一为节约土地等支持集中居住潜力的核心的物质基础类指标。主要包括:行政村行政区域面积(X_1)、行政村自然村个数(X_2)、行政村集体经营性建设用地面积(X_3)、行政村宅基地面积(X_4)、户均宅基地(X_5)、户籍户数(X_{12})等。

其二为资金供给平衡能力为中心,以激发和保障潜力基本条件类指标,主要包括各镇财政潜力指标包括:镇人均收入(X_6)、区人均财政收入(X_7)、区财政收入(X_8)、镇财政收入(X_9)等。

其三是潜力发挥后对相关利益者福利影响类指标。主要包括:生活污水经过集中处理的村(X_{10})、村委会到最远自然村或居民定居点的距离(X_{11})、外来人口(X_{13})、新型农村合作医疗参保人数占比(X_{14})、城乡居民基本养老保险参保人数占比(X_{15})、农村居民最低生活保障人数占比(X_{16})、集中养老人数占比(X_{17})、区位优势(X_{18})、有营业执照的餐馆比重(X_{19})、有电子商务配送点比例(X_{20})、有农民业余文化组织的村占比(X_{21})、有路灯村占比(X_{22})、有卫生室的村占比(X_{23})、农业从业人员中高中及以上学历的比例(X_{24})、有幼儿园托儿所村占比(X_{25})、通天然气的村占比(X_{26})、具有50平方米以上超市的村占比(X_{27})等。

基于 X_1—X_{27} 的指标,利用第三次农业普查数据和各区统计年鉴数据,使用 STATA 软件运算,得到表 5-6、表 5-7。进一步得到最终得分计算公式:

$$F = Factor_1 \times 0.202 + Factor_2 \times 0.192 + Factor_3 \times 0.189 +$$
$$Factor_4 \times 0.113 + Factor_5 \times 0.110 + Factor_6 \times 0.010\,5 +$$
$$Factor_7 \times 0.008\,9 \tag{1}$$

利用公式(1)得到各镇农村集中居住的潜力分数,见表 5-8。

表 5-6　　　　　　　　　　旋转后因子特征值及贡献率

Factor	特征值	方差贡献率	累积方差贡献率(%)
$Factor_1$	4.225 7	15.65	15.65
$Factor_2$	4.013 2	14.86	30.51
$Factor_3$	3.944 0	14.61	45.12
$Factor_4$	2.356 4	8.73	53.85
$Factor_5$	2.292 9	8.49	62.34
$Factor_6$	2.200 1	8.15	70.49
$Factor_7$	1.852 40	6.86	77.35

根据表 5-7 的载荷矩阵,将 7 个因子归结如下:

第一公因子 $Factor_1$ 在 X_{24} 上有很高的载荷,可称为人力资本潜力因子。这表明人力资本(即受教育水平)对农村集中居住作用非常大。因为受教育水平越高,就越有可能离开农业从事二、三产业,越有可能离开农村到城市居住,对农村集中居住意义的理解较为深入,往往支持或欢迎农村集中居住,对农村集中居住的影响是积极的,对农村集中居住潜力的影响最大。

第二公因子 $Factor_2$ 在 X_1、X_4 和 X_{12} 上有很高的载荷,可以认为是关于土地规模和人口规模的综合指标,可以称为地区规模潜力因子。这两个指标越大,表明促进农村集中居住的基础资源和条件越好,对农村集中居住潜力的影响也越大。

表 5-7　旋转后因子载荷矩阵

Variable	Factor$_1$	Factor$_2$	Factor$_3$	Factor$_4$	Factor$_5$	Factor$_6$	Factor$_7$	Uniqueness
X$_1$	−0.282 5	0.870 8	−0.118 4	0.035 8	0.103 9	−0.078 3	−0.064 2	0.125 6
X$_2$	−0.252 7	0.641 8	−0.240 2	0.060 1	0.444 3	−0.060 2	−0.004 2	0.261 9
X$_3$	0.097 5	0.360 8	0.067 7	0.608 6	−0.138 4	0.194 6	0.164 3	0.401 3
X$_4$	0.043 4	0.879 7	0.036 9	0.050 1	0.119 8	−0.111 9	0.142 3	0.173 3
X$_5$	−0.004 4	0.102 7	0.069	0.036 6	0.059 9	−0.034 9	0.866 7	0.227 4
X$_6$	−0.059 9	−0.236 8	0.220 8	−0.036	0.282 7	0.743 2	0.166 7	0.230 2
X$_7$	−0.191 4	0.058 2	0.911 9	0.072 5	0.096 4	0.079 2	0.056 1	0.104 5
X$_8$	0.538	0.092 8	0.562 6	−0.320 4	0.388 1	0.118 1	0.085	0.111
X$_9$	0.458 8	−0.056 2	0.035 5	0.037	0.064 2	0.756	−0.070 3	0.203 2
X$_{10}$	0.271 9	0.615 6	0.310 8	−0.101 7	−0.295 5	0.294 6	−0.11	0.254
X$_{11}$	−0.100 3	0.294 1	−0.239 9	0.062	0.615 3	−0.054	0.110 4	0.448 3
X$_{12}$	0.130 9	0.913 9	−0.059 1	−0.120 9	0.191 2	−0.051	−0.099 7	0.080 4
X$_{13}$	0.083 1	0.466 4	0.222 3	0.213 5	−0.219 5	0.562 3	0.221 8	0.267
X$_{14}$	−0.056 1	0.323 5	−0.271 5	−0.515	0.144 7	−0.374 9	0.168 9	0.363 3

（续表）

Variable	Factor$_1$	Factor$_2$	Factor$_3$	Factor$_4$	Factor$_5$	Factor$_6$	Factor$_7$	Uniqueness
X$_{15}$	−0.124	−0.001 2	0.185 9	0.691 7	−0.004 3	−0.143	−0.111 9	0.438 7
X$_{16}$	−0.046 9	0.147 2	−0.554 9	−0.285 7	0.017	−0.29	0.012 3	0.502 1
X$_{17}$	0.201 4	−0.020 9	0.088 2	0.012 8	0.184 2	−0.020 8	0.591 5	0.566 9
X$_{18}$	0.056 7	−0.310 7	0.175 7	0.029 9	−0.267 5	0.431 3	0.681 9	0.146
X$_{19}$	−0.750 7	0.003 2	0.176 4	0.059 4	0.269 5	−0.086 1	0.086 9	0.314 2
X$_{20}$	0.384 2	−0.044 3	0.351 4	0.744 3	−0.066 6	0.055 6	0.131 8	0.148 1
X$_{21}$	0.090 5	0.253 6	−0.035 1	−0.162 6	0.870 9	0.137 8	−0.040 9	0.120 7
X$_{22}$	0.804 3	−0.010 9	0.398 8	0.181 1	0.077 4	0.282	0.077 6	0.069 6
X$_{23}$	−0.745 8	0.151	−0.062 3	−0.442 9	0.356 8	0.02	−0.099 8	0.083 4
X$_{24}$	0.959 6	0.017 6	−0.062 7	−0.009 8	0.165 2	0.073 6	0.043 3	0.040 2
X$_{25}$	0.146 5	−0.114 1	0.812	0.338 2	−0.274 2	0.068 7	0.139 7	0.092 4
X$_{26}$	0.185 4	−0.111 6	0.779 5	0.193 6	−0.232 7	0.039 6	0.031 4	0.251 4
X$_{27}$	−0.677 3	−0.028 1	0.641 9	−0.035 3	0.028 7	0.183 4	0.048 9	0.090 4

表 5-8   各镇推进农村集中居住的潜力得分

地区	得分	地区	得分	地区	得分
广富林街道	115	张堰镇	77	七宝镇	39
九亭镇	114	西渡街道	76	奉城镇	38
小昆山镇	113	港沿镇	75	吴泾镇	37
向化镇	112	山阳镇	74	亭林镇	36
绿华镇	111	金山卫镇	73	新成路街道	35
永丰街道	110	赵巷镇	72	高东镇	34
中山街道	109	泖港镇	71	万祥镇	33
新村乡	108	重固镇	70	北蔡镇	32
新桥镇	107	香花桥街道	69	马桥镇	31
海湾旅游区	106	庙镇	68	张江镇	30
洞泾镇	105	吕巷镇	67	华漕镇	29
泗泾镇	104	南桥镇	66	嘉定工业区	28
中兴镇	103	月浦镇	65	康桥镇	27
城桥镇	102	莘庄镇	64	高桥镇	26
港西镇	101	朱泾镇	63	周浦镇	25
金海社区	100	四团镇	62	梅陇镇	24
堡镇	99	罗泾镇	61	泥城镇	23
长兴镇	98	庄行镇	60	新场镇	22
盈浦街道	97	杨行镇	59	老港镇	21
海港开发区	96	朱家角镇	58	外冈镇	20
建设镇	95	顾村镇	57	南翔镇	19
石湖荡镇	94	罗店镇	56	三林镇	18
陈家镇	93	新虹街道	55	书院镇	17
友谊路街道	92	南汇新城镇	54	浦江镇	16
横沙乡	91	枫泾镇	53	曹路镇	15
新浜镇	90	白鹤镇	52	唐镇	14
叶榭镇	89	浦锦街道	51	合庆镇	13
竖新镇	88	金汇镇	50	金桥镇	12
宝山城市工业园区	87	徐泾镇	49	江桥镇	11
新河镇	86	车墩镇	48	华亭镇	10
三星镇	85	颛桥镇	47	惠南镇	9
佘山镇	84	练塘镇	46	航头镇	8
漕泾镇	83	青村镇	45	宣桥镇	7
庙行镇	82	柘林镇	44	安亭镇	6
廊下镇	81	金泽镇	43	大团镇	5
大场镇	80	华新镇	42	祝桥镇	4
夏阳街道	79	高行镇	41	马陆镇	3
金山工业区	78	菊园新区管委会	40	川沙新镇	2

第三公因子 $Factor_3$ 在 X_7 上有很高的载荷,是区人均财政收入,可称为区位潜力因子。这表明农村集中居住需要以资金供给平衡能力为重要支点,而目前上海的农村集中居住项目推进资金相当一部分来自各区财政。因此,区人均财政收入越高,保障农村集中居住的能力越强,越可能发挥更大的农村集中居住潜力。

第四公因子 $Factor_4$ 在 X_{20} 上有高载荷,含义是电子商务配送点比例,该因子可以称为物流能力潜力因子。这一因子表明现代快速物流对改善农村集中居住区的福利效应非常明显。在农村集中居住区建立快速物流设施和系统,是发掘和扩大农村集中居住的重要变量。

第五公因子 $Factor_5$ 在 X_{21} 上有很高的载荷,含义是有农民业余文化组织的村占比,可以称为文化潜力因子。在物质生活得到满足的基础上,提高农村集中居住区的文娱设施和服务供给能力,可明显增加农村集中居住区居民的福利,对农村集中居住潜力发挥具有明显的拉动效应。

第六公因子 $Factor_6$ 在 X_6 上有高载荷,含义是镇人均收入,该因子可称为地区经济潜力因子。根据上海的实践,镇在推动农村集中居住中的资金方面承担了很大比重,因此镇人均财政收入是影响农村集中居住的关键因素,对农村集中居住潜力的体现起到十分关键的作用。

第七公因子 $Factor_7$ 在 X_5 上有高载荷,可以称为户均宅基地因子。户均宅基地是支持农村集中居住潜力的关键基础因素和条件。人均宅基地面积越大,集中居住后节余土地越多,土地出让获得支持资金越多,平衡农村集中居住资金平衡的能力越强,越是有利于进一步推进农村集中居住。

根据表 3-7 的主成分得分,大致可以将涉农镇划分为 6 个类型:

1. 高潜力型

这类镇的得分大于 80,包括广富林街道、九亭镇、小昆山镇、向化镇、绿华镇、永丰街道、中山街道、新村乡、新桥镇、海湾旅游区、洞泾镇、泗泾镇、中兴镇、城桥镇、港西镇、金海社区、堡镇、长兴镇、盈浦街道、海港开发区、建设镇、石湖荡镇、陈家镇、友谊路街道、横沙乡、新浜镇、叶榭镇、竖新镇、宝山城市工业园区、新河镇、三星镇、佘山镇、漕泾镇、庙行镇、廊下镇、大场镇。

这类城镇中支持农村集中居住的三大方面相对较好,应当率先推进农村集中居住。

2. 较高潜力型

这类镇的得分在 60—79 分之间,包括夏阳街道、张堰镇、西渡街道、港沿镇、山阳镇、金山卫镇、赵巷镇、泖港镇、重固镇、香花桥街道、庙镇、吕巷镇、南桥镇、月浦镇、莘庄镇、朱泾镇、四团镇、罗泾镇、庄行镇。

这类涉农镇得分相对中等,总体上具备一定的推进集中居住的条件,但需要克服一些不利因素方能顺利推动集中居住。

3. 中等潜力型

这类镇的得分在 40—59 分之间,包括杨行镇、朱家角镇、顾村镇、罗店镇、新虹街道、南汇新城镇、枫泾镇、白鹤镇、浦锦街道、金汇镇、徐泾镇、车墩镇、颛桥镇、练塘镇、青村镇、柘林镇、金泽镇、华新镇、高行镇、菊园新区管委会。

这类涉农镇总体得分中下等水平,推进农村集中居住的潜力相对不足,需要进一步逐一具体分析各镇的集中居住潜力不足的原因,寻找相对潜力较好的村庄,由易到难,逐步推进。

4. 较低潜力型

这类镇的得分在 20—39 分之间,包括七宝镇、奉城镇、吴泾镇、亭林镇、新成路街道、高东镇、万祥镇、北蔡镇、马桥镇、张江镇、华漕镇、嘉定工业区、康桥镇、高桥镇、周浦镇、梅陇镇、泥城镇、新场镇、老港镇、外冈镇。

这类涉农镇主成分得分比较低,说明支持农村集中居住的潜力三大因素多侧面存在问题,需要政府的大力支持。

5. 低潜力型

这类镇的得分在 19 分以下,包括南翔镇、三林镇、书院镇、浦江镇、曹路镇、唐镇、合庆镇、金桥镇、江桥镇、华亭镇、惠南镇、航头镇、宣桥镇、安亭镇、大团镇、祝桥镇、马陆镇、川沙新镇。

这类涉农镇总体得分最低,推进农村集中居住的潜力较小,应当根据各个具体镇的特色,寻找提升潜力的思路和战略:假如是资金问题,应当广泛筹集资金,增加政府的补贴力度;若是因为农户的集中居住意愿不足,则通过具体措施提升意愿。

第六章　推进农村居住相对集中的国内外经验分析

第一节　国外典型农村集中居住模式分析

农村集中居住是一个长期的过程,基于不同的历史背景,发展的道路和模式也存在差异。本书基于韩国、日本、德国、美国、英国等国的发展历程,总结海外农村集中居住的特点与规律,为上海推动农村集中居住提供可资借鉴的经验。

一、韩国的新村发展模式

20世纪70年代,韩国面对农村凋敝、农村居民老龄化与住宅布局凌乱、农村基础设施发展滞后、农民生活水平提高缓慢等现状,以政府为主导的"新村运动"开启了推进农村集中居住的序幕。新村运动开端于"美化村庄工程",早期工程把重心聚焦在改善村庄环境层面。[①] 在"新村运动"开展过程中,政府按照村民参与度和工程实际业绩将所有村庄划分为"基础村庄""自助村庄"和"自立村庄"三类,形成了一个从上而下一直延伸到末端村庄的等级化的推进体系,以不同的支援策略和升级制度,刺激和引导村庄间的

---

① 南根祐(庞建春).韩国的新村运动和生活变化[J].民间文化论坛,2019(6):26-37.

竞争与协同发展。主要通过整修村庄道路、村庄河道,安装简易供水设施和排水管道,设置公共堆肥场,挖凿公共水井、洗衣处,普及电气,营造村庄林,改良住房,改善村庄布局结构等推进农村集中居住。[①]

基本思路是首先以建设"文化住宅"为突破口,从根本上改善农民的居住条件让农民切实得到实惠,激励农民配合、支持与参与,进一步围绕农村集中居住,推动农村交通、文娱、卫生、水电、商贸的设施建设,推动农民合作组织、农业良种工程建设,提高农民收入,最终目标是形成城乡融合、城乡一体化,使落后的农村转变为现代化的希望之乡。[②]

韩国的新村运动历时 30 多年,可划分为如下几个不同的阶段:基础阶段、推广阶段、自主推进阶段和深化拓展阶段,各阶段承上启下,各具特点,逐步升级(见表 6-1)。

表 6-1 韩国农村集中居住发展的几个阶段

阶 段	发展特征
基础阶段 (1971—1973)	这一阶段的基本任务是在政府主导下,改善农村居住条件,重点是更新和改造住房建构模式,增加建筑面积和居住空间
推广阶段 (1974—1980)	这一阶段的基本任务是在政府主导下,推进农村集中居住并全面配置农村集中居住区的生产生活设施,提高居住质量,缩小城乡差距,促进农村现代化,推动农业发展、竞争力提升及农民收入增加
自主推进阶段 (1981—1989)	基于前两个阶段政府主导的农村集中居住推进、农民收入的提高、基础设施的改善,这一阶段政府开始逐步退出,农村/农民自主加强推动集中居住工作。政府支持和领导下推进农村集中居住的相关培训机构、信息机构、宣传机构等逐步让位于农民组织。这明显调动了农民积极性,提高了农村集中居住工作效率,进一步促进了农村整体水平大幅度提升
深化拓展阶段 (1990 年后)	90 年代以来,政府进一步制定了一系列新的支持农村集中居住的社会、经济、文化、教育、卫生等方面的政策措施,促使"新村运动"在改革中发展深化,农村集中居住在持续的"新村运动"中不断升级升级,农民生产生活方式、文明水平及城乡互动融合在"新村运动"的持续发展中不断加强

资料来源:南根祐(庞建春).韩国的新村运动和生活变化[J].民间文化论坛,2019(6):26-37. 韩道铉,田杨.韩国新村运动带动乡村振兴及经验启示[J].南京农业大学学报(社会科学版),2019,19(04):20-27.

---

① 南根祐(庞建春).韩国的新村运动和生活变化[J].民间文化论坛,2019(6):26-37.

② 韩道铉,田杨.韩国新村运动带动乡村振兴及经验启示[J].南京农业大学学报(社会科学版),2019,19(04):20-27.

总体而言,韩国农村集中居住的结果是不断促成了城乡基础设施对接,且相对普惠平衡,城乡收入差距缩小,城乡物质文明及精神文明一体化,城乡融合发展。其成功的保障在于首先建立起的政府主导机制,表现为如下几个方面:

(1)政府充分尊重和调动农户积极性,以切实增加农民收入为核心,让农民主动地参与农村集中居住等改革建设中。

(2)政府调动相关投资主体的积极性,将人力、物力、财力等汇聚成支持农村集中居住在内的"新乡"建设中。[①] 如从 1971 年到 1978 年,韩国来自政府财政的农村建设投资总量增加了 82 倍,政府财政预算中的农村开发项目增加了 7.8 倍。[②] 政府无偿分发给农民钢筋、水泥等生产资料,同时注重通过增加培训经费,建立骨干农民的培训制度,提高农民的技术与文化素质,增强农民参与新村运动的能力和收益。[③]

(3)出台若干法规支持新村运动并将之提升到规范的制度约束,提高管理的规范化和效率。[④]

(4)培育村庄指导者——村庄 CEO,发挥村庄 CEO 的组织、示范和带动作用,调动农民进一步参与的积极性,并通过政府、农民、农协组织及市场等多方协同创新,鼓励和培育自立型村庄发展,增加农民收入。

(5)重塑农村住宅风貌。20 世纪 70 年代农村集中居住中倡导的文化住宅采用的是"标准住宅平面",但进入 80 年代以后变为"改良型平面",这样的住宅模式虽然不太符合当时农村生活用具和生活方式的需要,但相当深远地影响并决定了今天韩国农村住宅风貌。

(6)政府适时退出。政府在"新村运动"初期作为核心发动者和主导力量,同时培育农民自我发展能力。在农民及农民组织基本具备了自我管理和持续推动农村集中居住能力的时候,政府开始慢慢退出,以往的直接支持减弱,改变为以间接的政策供给和管理为主的模式。这不仅节省了大量的政府投入成本,也提高了农村集中居住的市场化程度效率。

---

① 李春光.国外"三农"面面观[M].北京:石油工业出版社,2009.

② 周才云,张毓卿.借鉴韩国经验加快中国新型城镇化建设——基于新村运动的分析[J].世界农业,2019,(19):146-148+157.

③ 刘合光,顾莉萍,刘忠涛.社会主义新农村建设[M].北京:人民邮电出版社,2016.

④ 李春光.国外"三农"面面观[M].北京:石油工业出版社,2009.

　　总之,韩国的"新村运动"促使农村发生了巨大变化,促进了农民居住相对集中、城乡融合及村庄的现代化和美化。

二、德国的村庄更新与城乡等值模式

　　德国农村集中居住实践开启于20世纪50年代的村庄更新与城乡等值化试验。德国在1953年出台了《联邦土地整理法》,在1954年正式提出了村庄更新概念并于1976年列入新的《土地整理法》。其基本要义是在严格遵循耕地红线的条件下,保持和增强村庄的地方特色和传统优势,将村庄的文化价值、休闲价值和生态价值与经济价值并重。

　　试点最早在德国的巴伐利亚展开,其具体措施是通过土地整理、村庄的改造,缩小城乡差距,缓解城乡经济失衡,减少农村因人口过多流失而凋敝。其目标是无论居住在城市还是乡村,大致具有相等价值,或者说居住在乡村不会降低生活质量。这一政策和实践的主要策略表现在如下几个方面:

　　首先,政府充当城乡"等值化"行动的主导者,以政策、人力、物力、财力的支持为引导,通过市场的基础地位保证要素配置的高效率,促进农村集中居住的意愿提高、布局优化和福利最大化。

　　其次,促使农村集中居住,提高了农村基础设施投资力度,对接了城乡基础设施,保证了农村基础设施的现代化和运行效率,避免了过度城市化。

　　最后,成功引进企业,增加就业。如20世纪70年代初巴伐利亚州的丁格芬市引进宝马公司生产基地后,为大致100平方公里为半径的乡村地区创造了超过2.5万个就业岗位[①],成功地推动了城乡等值和农村居住质量与水平的提高。这一包含促进农村集中居住的相对有效的政策和实践在20世纪90年代为欧盟采用,推广到欧盟中解决城乡差距和农村发展落后的问题。

　　这一实践的关键是充分尊重城乡生产生活本身存在的差异,认为城乡融合不是城乡相同,而是生活质量大体一致的"等值";注重典型城区和典型农村各自按照不同的地域类型持续发展;注重农村闲置房屋资源开发;注重改善农户生产生活条件;承认典型城区与典型农村之间存在有效转变的"过渡地带",着力填补了两者间的"鸿沟",破除了两者间基础设施不贯通、要素

---

　　① 杨雯雯.新农村建设的中外模式借鉴[J].房地产导刊,2017(17):1-5.

流动的相互隔离。

德国的农村集中居住发展大致经过如下几个阶段：

（1）1950—1960 年的大拆大建对村居进行了更新。

（2）20 世纪 70 年代进一步保护和重塑了乡村特色。

（3）20 世纪 80 年代促进了村落与乡村地区协调发展。

（4）20 世纪 90 年代以来在欧盟农业农村政策引导下开始重构乡村角色和定义，保持了乡村继续发展。

德国通过长期的村庄更新与发展，农村交通、教育、卫生等基础设施和公共服务日趋完善，自然环境日趋优美，产业结构不断升级优化，城乡居住等值基本实现。目前在德国有 32% 的人口和 28% 的就业是在乡村实现的，78% 的人口愿意居住在村庄，在巴伐利亚州农村和城市 GDP 比重大致相当。[①]

三、日本村域特色经济专业化开发模式

第二次世界大战后，日本以推动城市和重工业化为核心的发展战略不断吸聚农村劳动力和资金，到 20 世纪 50 年代农村日趋凋敝和农业发展严重滞后于其他国民经济部门，城乡发展严重失衡。为此，日本于 1955 年提出了"新农村建设构想"，于 1967 年的政府"经济社会发展计划"中进一步明确提出新农村建设，并于 1979 年提出了"造村运动"。[②]　其实践特征可以归结为如下几个方面：

（1）重点发展与撤并相结合，引导村庄集中布局。

这一实践的本质是遵循市场规律，发挥村域资源的特色优势，发展农村区域经济与规模经济。经济振兴效果明显的村庄将得到更多的政府支持资金，逐步变成发展型村庄，其基础设施现代化改善明显。这不但减少了人口流失，反而不断吸聚人口进入并加强了村庄集中居住效应。同时，那些地方资源不足，农民大幅进城，村庄不断空心化，农产品专业化水平较低且发展停滞，未来潜力有限的村庄逐步被撤并。如从 1953 年到 1961 年日本市町村的数量减少了 2/3，即从 9 868 个减少到 3 472 个；每个村庄单位的平均人口增加了 113%，即从 5 400 人增加到 11 500 人；村庄的平均面积从 35 平方

---

① 李润平.发达国家推动乡村发展的经验借鉴[J].宏观经济管理 2018(9):69-77.

② 万怀韬,蔡承智,朱四元.中外农(乡)村建设模式研究评述[J].世界农业,2011(4):26-29.

公里扩大到 97 平方公里,增加了 177％。如此一来,日本通过统一规划与开发,实现了大幅度的村庄合并,减少了村庄数量,大幅度降低了管理成本,促进了村庄的现代化。

（2）政府大力支持村庄专业化经营。

首先,政府通过加大投入及关税、税收、融资等优惠政策,着力支持农产品基地建设、农业生产与农产品加工流通,开发特色农业资源,通过"一村一品"的专业化,着力推进发展型和保留型村庄的发展。

其次,通过专项补贴及税收手段,发挥农业协会作用,加强农产品生产、加工、流通、销售等产业链上的各个环节,促进农民就地就业。

最后,对一些具有历史文化特色的村庄,政府对其增加保护投资,不断改善其基础设施,并依托历史文化特色综合开发旅游等服务产业,推动发展型和保留型村庄的可持续发展。

（3）规划先行,引导村庄发展和集中居住。

发挥政府主导的国土规划和村庄规划,综合提高农村的经济实力和生活质量,以提高农村的人气和魅力为中心,推动农村房屋的需求增加,进而推动村居改造和优化布局,美化环境,吸聚周边人口和企业入住,保持村庄快速发展。

（4）大力发展农村金融,支持农村发展。

如基于多数农民加入农协,日本中央农协通过成立农协银行和保险机构,发展农协信用功能,为农户发展提供资金保障和各类农村金融服务,并组织农村资金海外市场开发和对国内城市的投资,增加农民收益。

（5）加强城乡互动,提升村庄自我发展能力。

日本中央政府通过加大财政拨款和贷款,赋予地方政府发行地方债券权力,支持农村基础设施的建设,美化农村生态环境,促进城乡互联互通水平,填平城乡基础设施"鸿沟"。同时,通过加大对涉农企业和下乡企业的专项补贴和优惠贷款,增加企业在农村发展中的积极性,为发展型村庄和保留型村庄赋能。

（6）政府注重村庄人力资源建设。

通过以国家和县 2：1 出资比例在每个县均设立农业学校,传授农民农业耕种、科学管理和经营知识与技术,增加农户的自我发展能力,推动农业和农村的发展。

总之,近半个世纪以来,由于政府不断加大农村基础设施投资,提升公共服务水平,促进了城乡基础设施的一体化。通过农村集中居住与农村产业发展互动,促进了城乡融合。这一过程中政府的支持政策和不断增加的投资,农民参与集中居住和专业化生产积极性的提高,以及新技术的输入,促进了生产的现代化和生产效率的提高,全面提升了农村居住的舒适性和就业的稳定性,缩小城乡收入差距,实现了"造村"、农村振兴与农村集中居住。如 20 世纪 50 年代城乡家庭可支配收入之比超过 1.4,而在 20 世纪 70 年代中期至今该比例在 0.87 至 0.96 之间波动。[1] 消除了严重的城乡差距,实现了城乡融合。

四、美国的产业引导模式

1830 年美国农村人口占总人口比重为 91.2%,处于农业社会经济发展阶段,之后城市化逐步加速发展,并于 1880 年第一次定义"城市",发布城市报告。1900 年美国农村人口占总人口比重下降到 60.4%,2015 年该比重下降为 19.3%,其中 60% 的农村人口集中在密西西比河以东,50% 农村人口分布在南方各州,仅有 12% 农村人口真正从事农业,其他农村人口从事二、三产业。[2] 美国农村发展和农村集中居住空间变化主要随着农村人口变化和就业变化而变化。

20 世纪 30 年代前期,经济危机严重破坏了城市经济,也造成了众多农场的崩溃,进而造成城乡差距加剧。为此,美国政府主要通过将部分新型产业引入乡村,重振那些落后且富有潜力的农村地区,促进乡村居住和城乡经济的平衡发展。如在 20 世纪 30 年代中后期位于密西西比地区的平衡农业项目获得成功,促进了农民在这个地区集中居住。再如亚拉巴马州通过调动多方力量,依托廉价土地和劳动力、财政援助和宽松监管,引进美国北部的制造企业,为农村和农民提供了可观的收入来源,为本地区的农村集中居

　　[1]　中国农业银行三农政策与业务创新部课题组.发达国家推动乡村发展的经验借鉴[J].宏观经济管理,2018(9):69-77.

　　[2]　Ctiylab. New Census data show that the real differences between the city and the country may not match up with popular perception(2016-12-08). https://www.citylab.com/equity/2016/12/a-complex-portrait-of-rural-america/509828/.

住提供了基本支持机制。① 之后，美国南方的许多地区也仿效亚拉巴马地区，成就了农村集中居住。

20 世纪 50 年代美国中西部的广大农村地区及东部的部分地区仍然依靠农业发展。但随着生物技术和农业工程技术对劳动力的替代不断加强，农场对劳动力需求大量减少，农业与农村就业和人口也因此逐步流失，农村居住的分异发生明显变化，并带来农业资源配置不合理加剧。

20 世纪 80 年代以来，美国农村人口不断减少，农村居住的空间布局依然不断变化，到 2000 年仅剩下美国中部和西部的少量地区为农业区和农民集中居住区。1980 年农村人口和从事农业的人口分别为 25％和 5％，2000 年减少为 21％和 1％。如此一来，许多农村住房老旧，农业发展缓慢，城乡差距加大，如 1995 年到 2001 年城乡家庭收入比一直保持 1.3 左右。

为了保持和促进农业发展和农民居住的更新与现代化，政府因势利导，提出了新的"乡村发展计划"，并通过面向乡村企业、家庭、个人提供直接贷款、担保贷款和各类补贴及技术援助和对农村的对口扶持，促进农村地区的发展和农户的稳定经营，客观上促进了农村居民的集中居住。如 2015 财政年联邦政府对农户和乡村地区 2 970 亿美元的直接贷款和担保贷款，发放津贴 170 730 项。② 随着城镇居民收入的提高，对农村生态品的需求增加，农村基于技术、市场整合和消费者偏好进行新的变革，农场在减少，农业生产力却在不断提高，面向特定偏好的小农场发展较快，就业增加。如 2011—2015 年有近 1/4 的农村地区保持了经济增长。2017 年健康教育、运输贸易及公共事业和旅游分别提供了农村 25％、20％和 11％的就业岗位。当然这些地区主要分布在城市边缘和郊区、发展较快的地区和风景优美山川、湖泊地区。这些经济增长较快的农村地区正在成为新的集中居住区。③

美国农村集中居住是在高度发达的市场经济环境中推进的，农民的集中居住与土地资源丰富程度、农业经济发展水平、劳动力及农产品的市场需求息息相关。美国的发展历程表明：

（1）农村集中居住是经济社会发展到一定水平的产物，是解决城乡差

---

① 　http://www.upnews.cn/archives/39748.
② 　http://www.upnews.cn/archives/39748.
③ 　http://www.upnews.cn/archives/39748.

距、实现城乡融合的重要战略手段和基本的表征形式。

（2）农村集中居住更变是一个长期的过程，促进经济和就业增长是核心，模式各异。农村经济发展，就业增加，收入增加，就会吸引农村居民的迁入，形成农村集中居住区。农村经济发展越快，越有利于促进农村集中居住的发展。

（3）农村居住调节中，政府依靠"有形的手"产生促进农村集中居住的发动力量，市场依靠"无形的手"产生促进农村集中居住的基础力量，只有发挥"有形的手"和"无形的手"的双重作用才能有效调动农民集中居住的积极性。

（4）政府重视基础设施建设，让城乡基础设施对接，是吸引农户集中居住的关键。

（5）农村集中居住点没有行政边界，村庄可以在农村产业增长区自由蔓延，容易造成村庄布局失衡，农村集中居住效率低下。

2010—2015 年美国农村和城镇家庭收入中位数分别为 52 386 美元和 54 296 美元。农村贫困率为 13.3%，低于城市的 16%，但农村老龄化发展速度相当于全美平均水平的 2 倍。农村人口净流失仍在继续，2000—2015 年美国 1 300 个非都市区人口流失 90.7 万人，约占该类地区总人口的 3.2%。[①] 农村居住呈现依托经营空间，向交通便利的优区位集中。其相对分散的布局基本不受土地资源稀缺的强烈约束。但步入老年的农村居民的居住状态面临着两种选择：居家养老或进养老院。居家养老面临房屋修缮，医疗、公共交通等服务不足问题。养老机构具有较好的服务保障，成为失能或半失能农村人口的集聚地。[②] 因此，随着农村居民的高龄化和自我服务能力下降，居住向着农村养老机构或养老服务发达的地区集中。

五、英国的规划开发模式

英国通过圈地运动，推动工业化发展，加速了城市扩张，而农村因资本和劳动力的流失变得日趋凋敝，致使城乡差距不断增加。为此，英国政府于

[①] https://www.ers.usda.gov/topics/rural-economy-population/population-migration/components-of-population-change/.

[②] https://www.citylab.com/equity/2016/12/a-complex-portrait-of-rural-america/509828/.

1932 年颁布《城乡规划法》,明确规定城市发展不能损害农民的利益,要求保护具有历史意义的村庄和文化,规定农林业发展不受规划的影响。在此背景下,英国农村的居住通过市场机制,遵循农民的意愿,兼以政府不断地加大农村基础设施投资,从长期性、前瞻性和预见性方面引导农村集中居住,促成了城乡融合发展。

英国城乡规划对于村庄发展和农民集中居住作用主要表现为如下几个方面:

(1) 城乡规划的重点之一是城乡功能与联系分析。这种分析涉及人口、经济、环境等,可以识别城乡发展的现状与问题及发展动力,分析城乡总体及城乡内部的功能与联系的差异,从而提出农村集中居住的发展战略,引导农村集中居住与可持续发展。

(2) 城乡规划将农村发展目标置于城乡次区域的规划背景上,通过城乡内部次区域划分和涉及此区域不同空间关系与基础设施的需求分析,引导农村集中居住区的房屋供应、文教、网络通信、交通运输、文化娱乐、生态、零售与服务等基础设施建设和公共服务供给等。

(3) 规划以城镇作为发展重点,而乡村需要适度开发,从平衡城镇的居住、工作、服务和基础设施确定村庄发展布局与规模水平。[①]

(4) 从规划角度调节农村集中居住的切入点是村庄房屋建设与美化,目标是增加村庄对人口的吸引力,提升村庄自身的发展能力,推动城乡融合和村庄的现代化。

六、国外农村集中居住推进的经验

不同国家因制度文化、经济发展阶段、城市化水平及城乡关系不同,推进农村集中居住的模式和路径各具特色(见表 6-2),也具有大体一致的规律性。

1. 发挥政府的主导作用,构建稳定的支持政策体系

农村集中居住随着城市化和工业化发展而发展。农村集中居住是在农村人口流失,农村发展滞后,城乡差距拉大,村庄的基础设施、公共服务落后

---

① 赵宏彬,宋福忠.国内外农民相对集中居住的引导经验[J].世界农业,2010(12):39-43.

或不完善,农村自我更新和整治能力无法保持自身的健康发展进而不利于整体国民经济发展的背景下推进的。这主要由政府发起、组织与推动,从改善居住、完善公共服务、增加就业和增加农民收入的角度,促使村庄快速发展,减少城乡差距,推动城乡等值发展。农村集中居住发展需要制定完善的支持政策,确保政府持续加大投资力度并保证资金高效利用,同时注重政府、农民、企业的协同科技创新,农业和非农业并重发展,将稳定的增加农民收入作为农村集中居住的核心。

2. 农村集中居住模式多样,致力于城乡融合和可持续发展

表 6-2 显示,农村集中居住具有多样性。韩国造村运动基于土地资源稀缺、农村落后的背景,全面提升农村的居住吸引力和就业供给能力。日本注重发掘每一个村的潜力,形成居业匹配的集中居住模式。美国属于农业经济引领型模式。基于市场并借助政府投资引导,是在农村土地资源丰富和现代化很高的前提下形成非均衡发展,引导农村居住的集散。德国尊重农村和城市的明显差别,全方位提高农村的经济、文化、旅游、文教、卫生、环境等,提升农村经济发展能力,创造就业,力求居业匹配,形成城乡等值。英国借助规划控制农村的扩张,保护农村文化风貌。上海重点是节约土地,提高居住质量,兼及其他。总体而言,不论什么模式,都因城乡发展失衡、村庄空心化和农村滞后城镇化发展而兴起,力求推动城乡融合,村庄可持续发展。

表 6-2　　　　　　　　　几种典型的农村集中居住模式比较

模　式	基本特征
韩国的新村模式	基于土地资源稀缺、农村落后的背景,发动造村运动,全面提升农村的居住吸引力和就业供给能力,促成城乡融合与农村集中居住
日本的造村模式	由于土地资源稀缺,注意发掘每一个村的产业专业化能力和各种发展潜力,形成居业匹配和城乡融合的农村集中居住模式
德国的城乡等值模式	尊重农村和城市的明显差别,全方位提高潜力农村地区的经济、文化、旅游、文教、卫生、环境等,提升农村经济发展能力,创造就业,力求居业匹配和城乡融合,形成城乡等值和农村集中居住

（续表）

模 式	基本特征
美国的产业引领模式	美国农业经济引领型,会带来农村的非均衡发展。基于市场的基础作用,依托政府投资引导,通过提高效率,创造就业,形成农村地区的非均衡发展,加强城乡融合,引导农村居住向着就业和经济发展增长快的村庄集中
英国的规划控制模式	借助规划,控制城市的扩张,保护农村文化风貌,以促进城乡融合为目标,引导农村居住向着具有发展能力和潜力的村庄集中

资料来源:作者根据相关文献资料整理。

3. 以农村居住整治为突破口,广泛发展农村经济,推进农村现代化是最终目标

农村集中居住是从改造农村居住开始,逐步完善村庄基础设施,增加农民收入水平,提高农村文教、卫生、娱乐、环境、商贸、餐饮等公共服务的现代化水平,支持农村产业结构完善升级,增加村庄就业能力,打造居住布局合理、功能现代化、环境美化的村庄,提高土地资源配置效率,增加农村居民收入,推进农村、农业和农民观念素质现代化,适应国民经济的发展。

4. 广泛筹集开发资金

农村集中居住属于资金密集型综合项目,稳定地筹集到资金是推进农村集中居住的基本保证。利用补贴、信贷筹集村庄整治和发展的资金,推动农村土地结构和产业结构调整,引导部分农村人口转入非农部门就业。如有些国家对于出租土地超过 10 年的农民给予奖励,对出售土地的农民进行奖励或提供优惠贷款便利。发展土地抵押信用合作社和合作银行等农地金融主体,接受农地抵押贷款或发行土地债券筹集资金。[①] 通过政府贷款,引导企业资金投入,鼓励农民出资,筹集村庄发展资金。[②③]

5. 培育农村人力资本,激发农民积极性,发展村庄产业

村庄的集中居住发展需要人才、效率和产业的支持,人才是最关键的资源,效率是竞争力的决定因素,产业是农民就业、收入和生存的保障。因此

---

① 李润平.发达国家推动乡村发展的经验借鉴[J].宏观经济管理,2018(9):69-77.
② 陈怡.农村产权抵押制度的国际经验及启示[J].中国房地产(综合版),2015(3):20-24.
③ 韩道铉,田杨.韩国新村运动带动乡村振兴及经验启示[J].南京农业大学学报(社会科学版),2019,19(4):20-27.

各国普遍重视科技文化设施建设和对农民的培训；重视依靠科技创新、科技推广促进资源利用，提高效率，形成竞争力，从而进一步吸聚外来资本、技术、人才等生产要素，保持村庄经济的发展动力；通过大力发展村庄产业，保障农户就业和收入提高，激发农村集中居住的参与积极性。

第二节　国内推进农村集中居住的实践分析

近年来，国内各省区市为了推动新农村建设和乡村振兴，以不同模式和手段不断推动农村集中居住，其中的关键是总体的推动思路模式及资金供给模式的创新。本节将以上海、浙江、江苏、山东等类型多样的农村集中居住模式为基础，归纳国内当前推动农村集中居住的思路模式及资金供给模式创新，为进一步推进农村集中居住提供支持。具体而言，本节从国内推进农村集中居住的模式创新，以及上海农村集中居住进展与其他省区市的比较与评价两个方面在下文展开。

一、国内推进农村集中居住的基本模式分析

根据国内的实践，从整体上可把农村集中居住模式划分为如下几类：

1. 经济集聚模式[①]

该类农村集中居住是基于经济发展和集聚过程而逐步形成的。其发展需要基于村庄一定的集聚经济特色。如苏南地区在 20 世纪 80 年代、90 年代因为乡镇企业的快速发展，农村劳动力大量流向城镇或发达村庄的工业和服务业部门，造成工作空间和原有居住空间严重分离，进而给农民生产生活带来很大不便。为此，许多农民逐渐在城镇居住或新的工作村庄购买住房，这也导致了原来村庄变成了空心村。为了盘活农村房屋和土地资源，一些发达乡镇就开始试验推动乡村集中居住。如 2001 年以来苏州一些收入水平较高的乡镇就开始推动农村集中居住，并取得了成功。这类农村集中居住的关键是需要具备发达的经济基础和强劲的经济集中。[②] 由于乡镇企业

---

① 赵宏彬，宋福忠.国内外农民相对集中居住的引导经验[J].世界农业，2010(12)：39-43.

② 赵美英，李卫平，陈华东.城市化进程中农民集中居住生活形态转型研究[J].农村经济与科技，2010(11)：7-11.

不断集聚发展且达到了很高的水平,农村集体经济实力很强,农村土地增值迅速,且集聚经济活动人口对现代化居住空间提出了强烈的要求。在这样背景下,引发了整治空心村并为既有居民和外来人口配备居住资源而形成农村集中居住。

2. 康居模式

该模式基于农村居民居住分散、居住条件较差,集中居住的主要目标是改善居住条件,如宿迁的瓦庙村、朱瓦村、周付村、水汉村等基本上都是这类模式。其基本经验是尊重民意,选择合适的集中居住点并付诸合理规划和适度补偿。同时将因集中居住而腾出来的宅基地复耕为农田后由原宅主承包经营,并为新的农村集中居住区配备必要的基础设施,如交通、商贸、医疗卫生、教育、文化娱乐等基础设施,大大改善了居住环境和条件,明显提高了农户的康居水平。

又如山东省沂南县铜井镇的龙泉村,由于该村是一个分散的小山村,全村不足 800 人,分散到近 20 多个自然村,各村之间有山、沟阻隔,交通不便,基本的公共设施和公共服务缺乏。该村的集中居住是平移到大致位于该村中南部交通较为便利的片区,该片区相对平整,且有较大面积不宜耕作的荒地,在此开展集中居住项目可以减少对宜农耕地的占用。该集中居住工程的基本资金主要来自平移集中居住后原住宅复耕后得到的 18 万元/亩的政府补贴。基本模式是村及乡政府组织领导,由建筑公司集中建设老年房和二层楼房。入住条件是农户支付部分新房成本。农户入住新房的支出成本=新房造价(A)-可复垦宅基地作价(B)-搬迁奖励资金及装修补贴(C)。若 A-B-C<0,农户会得到净集中搬迁收入;若 A-B-C>0,则集中搬迁农户需要缴纳新房入住款。集中居住后农民的交通明显改善,也建成了村民文化小广场,大大改善了农民的居住环境。但该项目基本没有改善居民收入水平和生产条件,减弱了庭院经济。再如上海"三高两区"农村、中西部生态恶劣地区居民搬迁到集中居住区,都因急需改善居住环境和条件而促成。

以上实践表明,推进农村康居必须具有公共价值,施政者有一定能力且政策得到民众支持。推进农村集中居住,可以改善农民居住环境,具有巨大公共价值。只要政府相关部门能够提升自身能力,采用农民乐于接受的工作方法,因地制宜切实保障农民利益,以满足农民的需求、解决农民的困难为基准,让集中居住居民得到更多实际利益,就一定能得到农民支持,进而推动农村集中居住,推动乡村振兴和城乡融合。①

3. 产业开发模式

这类村庄集中居住多是基于某些产业资源,依托具有特色的主导产业和若干辅助产业,形成乡村产业集群,支持农村集中居住。如山东省沂南县铜井镇竹泉村就是一个以开发旅游为主导的农村集中居住的成功案例。竹泉村本是一个仅有469人但拥有泉水、绿竹等特色乡土资源的小村庄。具体而言,其固有的特色资源是一眼历史悠久的清泉和成片的绿竹。该村庄兴起于元朝时期的泉上庄,后在清朝乾隆年间改名为竹泉村,迄今已有400多年历史。村内居民以高姓为主,也因高姓族人而沉淀了深厚的历史文化底蕴。如高氏族人高名衡曾是明末兵部右侍郎,高炯曾是明末青州衡王府仪宾,都曾在此修建别墅。② 竹泉村周围有凤凰岭、香山河、石龙山及四季清纯绿色的田野和农耕。村民收入低,以耕种农业为主,村内居住较为分散,闲置农宅不断增多,村民逐渐流失,日失人气。因此,在政府的引导下,通过旅游企业介入并由企业出资在村西南交通便利处规划修建房屋,村民可以根据既有宅基地大小换取新房。为了提高农民意愿,加快搬迁速度,企业设立搬迁奖,对迅速搬迁到集中居住区的农民给予1万元的奖励。如此,将村内居民全部平移到村西南并腾出了发展旅游的空间。通过进一步修建和植入旅游要素,逐步发展为 AAAA 旅游度假区。以旅游区为依托,将村域农产品、农副产品纳入了旅游产品,将闲置农居变成了旅游民宿,将乡村的闲置劳动力变成了旅游度假区的员工。目前以旅游为特色,形成了集旅游观光、会议、民宿、纪念品生产、旅游农副产品生产等细分行业支持的产业集群。随着旅游产业集群的不断发展,该村集中居住福利日趋增加,如就业增加、收入增加、交通日趋便利、闲置房屋得到开发、农副产品收益增加,提高了农村房屋价值。再如,成都产业开发区的发展也是首先得益于政府指导和市场化运作,修建了完善的基础设施;其次,发展特色产业,如通过引进大型企业,培育了花香农居、荷塘月色、江家菜地、东篱菊花和幸福梅林等特色景观

---

① http://share.suqian360.com/wap/thread/view-thread/tid/245240.

② https://baike.baidu.com/item/竹泉村旅游度假区/3775281? fr＝aladdin.

业,并注重文化对旅游产业内在支持,通过办会办节丰富旅游文化内涵,以乡村旅游发展,推动、引领了农村集中居住。①

总体而言,这种产业开发引导的农村集中居住一方面提高了村民居住水平,美化了生态环境,提高了村民房屋和承包土地的价值,另一方面还直接、间接地为本村提供了就业。这种以集中发展新兴产业为核心、带动农村集中居住的方式,具有较强的帕累托改进效应。

4. 土地开发模式

这类农村集中模式一般位于大城市或大都市区的近郊。由于大城市具有强大的辐射能力和快速推进的城市化、产业高级化,农村人口的就业不断向二、三产业集中,农民居住不断向城镇集中,农村工业不断向园区集中,农地向种田大户集中。既有布局零散的农村住宅闲置,老旧现象日趋严重,但强大的城市辐射却不断提升着农村宅基地的价值。城市经济的不断发展,对建设用地的需求急剧增加,在土地资源不断紧缺的情况下,大都市郊区农村的宅基地资源的开发潜力日趋凸显。通过农村集中居住释放闲置土地被不断提到议事日程,并付诸实施。当然这类集中居住需要的资金投入大,成本高。但大都市可以通过平移、上楼、部分货币化补偿退出或全部货币化退出、股份化等一种或多种组合满足农民的合村并居的意愿选择,推动农村集中居住,同时节约出相当可观的农村建设用地。而且这些腾出来的建设用地通常通过市/区统筹,形成更大的开发价值,平衡集中居住的成本,同时在农民集中居住区配置现代化的生产生活设施,增加农民就业与收入。如此一来,通过土地开发促成的农村集中居住可以同时推动乡村振兴,缩小了城乡差距,一定程度上实现了城乡居住等值、城乡融合和城乡一体化,具有多维的福利改善和综合的福利增加。

5. 其他模式

除了以上几种模式外,还有许多其他集中居住模式。如为了兴修水利、修建高速公路、高速铁路、机场等公共基础设施需要将相关地区搬迁,将分散农户集中移民安置,形成新的农村集中居住。一些因自然条件恶劣等原因导致的贫困村庄,在政府的扶贫过程中,也有相当部分的项目是将分散农

---

① 姜涛,黄晓芳.国内外乡村发展政策经验及对武汉的启示[J].规划师,2009(9):49-53.

户进行扶贫移民到集中居住区,同时配备基础设施,发展有关产业,保证和巩固集中居住农户居住改善同时,依靠增加就业获得收入,能够居业匹配,实现安居乐业,形成基于扶贫推动农村集中居住模式。还有在新城建设或城市边缘区的土地规划改变而必须迁移分散居住的农户,这些迁移农户在新居住点的安置自然会将原来的分散居住变为新安置点的集中居住模式。

　　总之,近年来全国上下都在以不同规模、不同速度、不同深度地推动农村集中居住。农村集中居住模式分类因不同标准而不同,如可以按照补偿方式,按照环境经济等成因,按照农户分散水平和集中居住规模,按照集中居住区建筑物构筑物高度,按照是否整体集中居住,按照资金供给方式等。本研究主要按照资金供给方式划分农村集中居住类型,并列出一些主要类型(见表 6-3)。

表 6-3　　　　　　　　　国内推进农村集中居住的模式创新

资金供给模式	基本特征
集体建设用地上市	主要通过宅基地入市筹集资金,推进农村集中居住
宅基地/农村房屋抵押	认定宅基地资格和面积后,给予宅基地资产/财产属性,给予所有人多种处置宅基地资产的权利:如可以换购全产权物业,可以抵押贷款,可以换购商铺、入市交易等。利用激活宅基地的资产特征灵活筹集资金实施农村集中居住,或宅基地所有人通过购置指定集中居住区或城区全产权房,或者售卖变现,或者置换到指定集中居住区的楼宇等促进农村集中居住的实施
以国家增量农地补偿推动	在不发达的农村地区,自然村分散,农户居住亦十分零散,区县乡镇财力有限,可以直接依靠国家农地节地奖励完成相对集中居住
动迁模式	这是最常见的一种方式,主要对镇区边缘或城区边缘等优区位,可以直接将农户宅基地征为国有,以宅基地面积大小及其上的建筑物面积置换一套或几套全产权房的集中居住模式。这一模式中的资金通常是由大型工程建设基金、承建项目企业自筹等方式,具有很好的保障,动迁居民也很有积极性
货币化补偿退出	给予农户足够的货币补偿,换取农村宅基地所有/使用权
股份化	将宅基地全部或部分换为民宿开发公司股份,或全部/部分宅基地换为农业开发公司的股份等
经营权换取集中居住资金	以集中居住区闲置房专营或农村相关资源的开发,换取工商资本承担集中居住区房屋建设

（续表）

资金供给模式	基本特征
政府专项财政资金支持	在农村集中居住产生的土地节约无法上市出让或出让价格偏低而无法满足集中居住资金需求的情况下,需要各级政府按照一定的比例和标准由政府出资,如目前上海正在推进的农村集中居住所需资金多数是由政府出资
政府、农户等多元资金	推进农村集中居住的资金来源主要来自各级政府和农户等,如江苏的许多农村集中居住项目
企业资金支持	在一些经济资源密集地区,企业为了规模化开发经济资源,可以根据政府相关规划,在尊重居民意愿的基础上,自行筹集资金,将待开发地区的居民集中安置以腾空待开发空间。这些集中安置区需要具备较为齐全的生产生活设施,提高居民生产生活水平,并在居住质量提高、就业、乡土资源价值提升、收入增加、生态环境改善等一个或几个方面明显改善
村庄资金支持	在一些经济发达的富裕村庄,可以村集体出资,集中新建生活设施齐全的现代社区

资料来源:作者根据相关文献资料和调查资料整理。

　　表 6-3 表明,按照资金补偿,农村集中居住至少可以分为集体建设用地上市、宅基地/农村房屋抵押、纯粹以增量农地补偿模式、动迁模式、货币化补偿退出、股份化、经营权换取集中居住资金、政府资金为主、政府农户等多元化集成资金、企业资金等。从迄今的实践看,农村集中居住目标是城乡融合和城乡一体化,不应将农村集中居住归一化,应当因地制宜,有效务实,确保集中居住区能够可持续发展。

二、上海农村集中居住进展与其他省区市的比较与评价

1. 农村集中居住取得了明显的进展

　　2003 年始,上海结合"三个集中",开展自然村归并、乡镇撤并、行政村合并以及宅基地置换试点等,推进农村居住相对集中工作。松江列入全国首批 33 个农村集体建设用地的入市试点,目前已经取得了成功,为进一步扩大农村集体建设用地入市,推进农村集中居住奠定了良好的条件。"十二五"期间上海批准了土地增减挂钩项目 27 个,已实现 1.89 万农户集中居住。

　　2004—2013 年,上海用 10 年时间累计归并自然村 14 975 个,累计迁移

103.6 万人。① 调查发现近 90％受访者认为生活质量得以改善,近 60％的受访家庭的收入明显增加。受访者中有 78.7％的农业户籍因集中居住转为非农户籍②,受访者认为现居住房屋的水电煤卫配套设施改善的占 93％,认为周边环境改善的占 91.5％,认为集中居住地的道路等市政设施及服务得以改善的占 88.8％,认为体育等文体设施及服务改善的占 83.5％,认为治安管理设施及服务改善的占 83％。③ 总体而言,农户家庭参与集中居住后综合福利水平有了明显的提高。

2019 年,上海市政府制定了新的务实战略,计划到 2022 年再完成 5 万户的农户家庭集中居住,并在迅速推进实践中。市政府将 28 个村镇列为农村集中居住示范点,现已形成了自身的特色产业支持和较强的示范作用。

目前,许多区镇和村庄完成了村庄布点规划。如奉贤、嘉定等区的村庄布点规划已经完成,航头、祝桥、新场等镇已经做好了村庄布局规划,黄桥村、长达村等已经完成了村庄规划。这对未来农户集中居住将形成良好的引导,对相关农户的集中居住补偿和集中居住房产的溢价形成良好的预期,必然会提升潜在集中居住农户的决策速度和意愿。

2. 与其他省区市比较的不足

首先,上海集体建设用地入市推进不足。虽然上海自 2017 年在松江试点农村集体建设用地入市获得成功,但后续并没有逐步推广开来,已远远落后于浙江等农村宅基地入市的快速发展。如目前浙江义乌、绍兴、乐清、德清四地在这项改革中进展迅速,已经有相当数量的农村集体建设用地入市,通过发展交易和抵押贷款等有效地筹集了大量的农村集中居住项目,取得了良好的效果。

其次,上海集中推进农村居住的成本相对较高。①限于土地资源日趋稀缺,集中居住利用的土地成本不断提高。②集中居住区与城区对接的基础设施,如水电煤、信息、环境、卫生、文化娱乐、教育等设施的配置需要很高成本。③房屋的建筑成本较高。④激励农民参与集中居住的奖励补贴较高。⑤集中居住的周转资金庞大,资金周转成本较高。因此,总体而言,上

① 马俊贤.完善农民集中居住的配套保障[N].联合时报,2014-08-20.
② 马俊贤.完善农民集中居住的配套保障[N].联合时报,2014-08-20.
③ 马俊贤.完善农民集中居住的配套保障[N].联合时报,2014-08-20.

海农村集中居住的总成本较高。

最后,上海农村集中居住所需资金来源渠道较窄。目前大部分农村集中居住项目是以区和镇的财政来支持,来自企业、农民的资金较少。这种资金来源较为单调,给镇区政府的资金压力会越来越大,无法推进农村集中居住的可持续发展。

第三节　国内外推进农村集中居住的经验总结

一、政策先行,长期引导,因地制宜,模式多样

农村集中居住是一项长期的区域开发活动,调节的主要对象是不动产资源。一旦农村集中居住项目得到落实,其再调整和再开发的成本很高。同时,农村集中居住的实现成本很高,因受人力、物力、财力的约束,其推进规模速度不易过大过快。因此,农村集中居住必须先规划后实施,凸显长期的政策引导,循序渐进、有步骤、有计划地推进。由于农村集中居住项目实施主要依靠的是原位性资源,而原位性资源空间分异显著,需要因地制宜,充分考虑地方优势条件和资源。农村集中居住的模式也不能划一不变,在遵循控制性详细规划的前提下,可采用灵活多样的模式。

二、基于市场的农户意愿是决定农村集中居住的最核心条件

市场通常是配置资源最有效的方式。[①] 农村集中居住是农民对房屋这种生活必需品空间分布特征的一种选择模式。成功地形成集中居住项目应该是农民需求的自由选择,满足了农民的最大支付意愿,为了获得最大的消费者剩余,这种成功的选择是供求平衡的,是农村集中居住资源配置最合理的形式,最具有经济效率。在农民集中居住意愿不足的情况下,没有农户积极而深入的参与,仅由政府包办和过度强调集中居住的行政命令,必然大幅度增加行政成本,违背市场原则,造成社会总剩余的减少和无效率。美国、日本、英国等基于市场原则,农户自由选择居住地是在集中区域还是城

---

① 曼昆.经济学原理(第七版)[M].北京:北京大学出版社,2015.

区,入住农村集聚区的农户有稳定且符合自由市场选择的更新机制,大多农村集中居住区可以保持自我发展能力。因此,中国农村集中居住的成功需要重点考虑符合市场原则的农户意愿,以农民为中心,引导和激励农户的深入参与。

三、政府的基础设施投资支持是农村进一步推动集中居住的必要条件

农村基础设施差距是构成城乡差距明显的重要原因。只有具备良好的基础设施环境,让农村居民和城市居民享有大致相等的、便捷的服务,才会降低农民生产生活成本和创业成本,留住人才,增加人气,进而增加对农村集中居住区的房屋需求。这也自然会促进农村集中居住区增值,但基础设施具有很大的外部性,私人往往缺乏投资的积极性。因此无论是日本、韩国,还是美国、德国,十分重视政府对农村的基础设施投资。为了提高投资效率,政府往往聚焦对农村集中居住区的基础设施投资。如日本农村基础设施投资比重逐渐提高,目前超过农村总投资的30%,农村基础设施大致与城区对接,农村需求的公共服务和设施较好地得到满足。政府的投资增加明显改善了农村集中居住区的生产生活环境,降低了农民的生产生活成本,增加了就业和收入,促使农村居住房产的明显溢价。这不但刺激了农民对房屋维护,还增加了对庭院的美化,大大增加了农村房屋的宜居性。整体而言,消除了城乡差距,实现了城乡融合,农村和城区的居住价值基本等价。

四、加强农村集中居住是我国实现乡村振兴和美丽的现代化强国建设的必然要求

城乡差距是一个复杂的系统性问题。它多维度地表现为收入差距、居住差距、生产基础设施差距、生活基础设施差距、生产效率的差距等。城乡问题的解决就是农村子系统的升级和城乡系统的整体升级,而促进农村系统升级的关键是首先解决系统的短板。长期以来,人们将城乡差距主要归结为收入的差距而忽视其他差距。但我们看到,即使农民的收入明显提高了,城乡收入缩小了,农村也无法改变已经形成的落后的基础设施。而基础设施的不足不仅仅是投入资金不足,农村的空心化、老化、零散布局必然带

来投入无效率,缺乏投入的积极性。要实现乡村振兴和城乡融合,亟须通过加强集中居住提升农村基础设施投资的积极性,补长农村基础设施短板。

五、社会经济发展到一定阶段推进农村集中居住是现代化发展的基本规律

城乡发展具有辩证的互动逻辑。在经济发展水平较低的阶段,农村的主要功能是发展农业,为城市提供劳动力、原料燃料等,并且消费城市工业品,从而支持城市工业化和服务发展。一般情况下,农业的收益率较低,城乡差距快速扩张。当经济发展到一定水平,城乡差距的不公平性日趋明显,落后的农村无法匹配城区的发展,而城市开始反哺农村。农村产业的多样化发展也带来空间的无序低效占用,零散的经济要素分布和产业分布造成生产质量低下、产能过剩、污染加剧等。政府推动和居民的需求会促进农村的整合。这往往首先是对易于变动的产业进行空间集聚,然后是城市化加强,继而农村呈现凋敝:空心村增加,农村留守人口老化,人气下降,房屋建筑零星分布且老化,政府及城市反哺农村的成本迅速提高而难以呈现系统性绩效。在此情况下城乡收入、基础设施、居住、文教卫生等差距再次日趋扩大,成为突出的制约经济增长的因素。为此,在以政府主导并尊重农民意愿的情况下进行专项农村居住的整治,突出表现为通过集中居住行动,推动村庄更新。因此,总体而言,不管什么制度,什么国家,推进农村集中居住是经济发展达到一定阶段的必然行动。

六、促进农村集中居住是农业现代化的前提

农业现代化是吸引和保持农村集中居住的关键基础条件。农村现代化是在生产方式上表现为农地的规模经营和家庭农场的规模发展。美英等发达国家的农村集中居住基于坚实的农业现代化,即农地的规模经营可以满足农业活动中单位土地的低盈利率水平下单个农户/农民的收入规模。家庭农场的私人经营可以满足收益最大化,体现最大的支付意愿。这为居住在农村的家庭提供了稳定的收入基础和满意的选择,增加了农村集中居住区的可持续发展。

七、农村集中居住成功推进至少需要同时具备三大条件

成功的农村集中居住必须同时具备三大条件:具有公共价值或明显的福利增值,施政者有足够的能力,具体的集中居住政策模式和过程得到农户支持。增加福利或公共价值是农村集中居住发展的基本动机;政府的施政能力是复杂多样的农村集中居住有序实践的组织保障;相关政策模式和过程得到农户支持是控制成本并成功推进农村集中居住的关键路径。只有三者相辅相成,协调一致,才能高效推动农村集中居住的实施。

第七章 推进上海农村集中居住的机理及相关问题

第一节 推动农村集中居住的效应与作用机理

推进农村集中居住的效应与作用机理深受多种因素影响,十分复杂。若从集中居住前后的变化及其对城乡关系的影响来看,可以大致从图7-1的示意中作一简要的描述。

首先,农村集中居住前,居民点零星分布,环境较差,基础设施较差,宅基地和房屋资源闲置,农村居民和城镇居民的差距过大,景观杂乱,危房修缮困难,居民资产持有低,房屋整体舒适性差。

其次,农村居住集中后,环境美化,农户资产上升,基础设施加强,房屋整体舒适性强。而且基础设施不断实现对接,农村产业结构升级,新的城乡分工加强,城乡土地市场对接,逐步形成城乡融合与城乡一体化,农户就业与收入增加,乡村文明水平提升。

最后,构建起保障和巩固农村集中居住的机制。

(1) 这种机制首先表现为政府出台稳定的农村集中居住政策,让农村居民安心。

(2) 政府要持续地对农村集中居住区进行基础设施的投资和公共服务供给,力求城乡居民获取大致相等的公共福利。

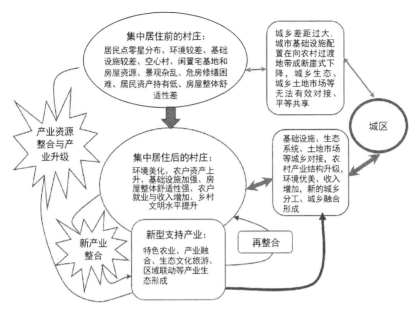

图 7-1　农村集中居住前后的居住环境变化及城乡关系变化

（3）要对农村集中居住区房屋统一修缮、管理、维护，深度开发民宿、开发房屋租赁市场，推动农村集中居住点住宅升值。

（4）农村集中居住区借助于持续的基础设施投资，降低生产生活成本，增加创业和就业机会，促使集中居住区环境的美化，不断提升投资者和自住型居民对农村集中居住区持有热情，让居民乐于持续居住而不愿意舍离，保持人气，推动集中居住的可持续发展。

第二节　农村集中居住发展的有利条件

一、国家土地政策对推进农村集中居住的支持不断加强

国家基本土地政策已经对农村集中居住形成了基础支持，并积极鼓励和推进制度创新（参见表 7-1）。具体而言，国家从 1963 年使用"宅基地"一词开始对宅基地的管理不断加强，但农村宅基地的所有权归集体，无法买卖、归并。2004 年国家出台"城乡建设用地增减挂钩"政策后，农村撤村并

居、农民上楼、农村社区化等不同形式的农民集中居住实践才开始逐步发展。党的十八届三中全会进一步提出"改革完善农村宅基地制度,选择若干试点,慎重稳妥推进农民住房财产权抵押、担保、转让,探索农民增加财产性收入渠道"[①]。2017年中央农村工作会议正式提出"探索宅基地所有权、资格权、使用权'三权分置',落实宅基地集体所有权,保障宅基地农户资格权和农民房屋财产权,适度放活宅基地和农民房屋使用权"[②]。2018年农村宅基地"三权分置"全面铺开,2019年中央农办等5部门下发《关于统筹推进村庄规划工作的意见》要求按照"多规合一"原则,结合国土空间规划,基于村庄分类编制村庄规划,引导农村集中居住。可见国家对农村宅基地管理政策逐步灵活放开,对农民集中居住的政策支持不断加强。

表 7-1　　　　　　　　　中国农村居住集中的政策脉络

年　份	国家土地政策
1963 以前	我国一直处于宅基地私有的阶段
1962	出台的《农村人民公社工作条例》(修正草案)第一次使用"宅基地"一词,开创了宅基地与其上的房屋相分离的制度安排,确定了农民房屋私有与宅基地集体所有并存的制度
1963	1963 年中央出台《关于各地对社员宅基地问题作一些补充规定的通知》,形成了宅基地制度的基本内容,即宅基地所有权与使用权相分离,农户拥有宅基地长期使用权,并受法律保护;宅基地的所有权归生产队集体所有,社员禁止出租和买卖;农户对房屋有排他性所有权,可以买卖、租赁、抵押、典当。农村宅基地的集体所有性质至今未变
1981	宅基地可随房屋买卖转移的规定有所改变,规定农村宅基地使用权只能使用,不得出租转让。此后,我国出台了诸多有关宅基地调整和完善的制度,主要都是不断加强宅基地使用监管,如限制宅基地面积标准、审批村镇建房用地、以村镇规划和用地标准为基本依据、建房或建设用地超出批准数量的,批准后占而不用的,限期将土地退回集体等
1986—1988	1986 年的《土地管理法》规定:城镇居民经依法批准,可以使用集体所有的土地建住宅。到 1998 年《土地管理法》修改为农民的住宅不得向城市居民出售,也不得批准城市居民占用农民集体土地建住宅,至今依然如此

---

① 参见党的十八大报告。

② 参见 2017 年中央农村工作会议报告。

（续表）

年 份	国家土地政策
2004	《国务院关于深化改革严格土地管理的决定》中提出"改革和完善宅基地审批制度,加强农村宅基地管理,禁止城镇居民在农村购置宅基地"。同年,国土资源部颁发《关于加强农村宅基地管理的意见》,要求严格实施规划和控制村镇建设用地规模,改革和完善宅基地审批制度,规范审批程序,要求"在规划撤并的村庄范围内,除危房改造外,停止审批新建、重建、改建住宅""农村宅基地占用农用地应纳入年度计划""一户只能拥有一处宅基地,面积不得超过省(区、市)规定的标准""加大盘活存量建设用地力度"等。 2004年中央政府提出"城乡建设用地增减挂钩"概念后,地方政府开展土地整治的积极性被极大地激发,催生了农民集中居住、撤村并居、农民上楼、农村社区化等名目繁多的政策实践①
2008	十七届三中全会《关于进一步加快宅基地使用权登记发证工作的通知》提出完善农村宅基地制度,严格宅基地管理,依法保障农户宅基地使用权人的合法权益。这为我国宅基地制度改革做了一定的准备
2013	十八届三中全会提出,"改革完善农村宅基地制度,选择若干试点,慎重稳妥推进农民住房财产权抵押、担保、转让,探索农民增加财产性收入渠道"
2015	三项土地制度改革工作全面启动,全国人大授权在33个县(市、区)开展土地制度改革试点工作,简称"三块地"改革;同年3月,国土资源部选取15个县(市、区)开展宅基地改革试点。2017年11月,经中央深改组批准,将三项试点全面打通,在33个试点地区同步推进。上海市松江区即为改革试点之一。历时三年,宅基地改革试点在完善宅基地权益保障和取得方式、探索宅基地有偿使用制度、探索宅基地自愿有偿退出机制、完善宅基地管理制度方面取得了一些经验
2017	本年12月,中央农村工作会议正式提出,要求"探索宅基地所有权、资格权、使用权'三权分置',落实宅基地集体所有权,保障宅基地农户资格权和农民房屋财产权,适度放活宅基地和农民房屋使用权"
2018	中央1号文件指出,要"完善农民闲置宅基地和闲置农房政策"。从此,宅基地制度改革和"三权分置"在试点区域内全面铺开
2019	中共中央、国务院下发《关于建立国土空间规划体系并监督实施的若干意见》,中央农办等5部门下发《关于统筹推进村庄规划工作的意见》,要求按照"多规合一"原则,结合各级国土空间规划,编制科学的村庄规划,力求2019年完成村庄分类,并在2020年底完成村庄布局
2020	中央1号文件指出,在符合国土空间规划前提下,通过村庄整治、土地整理等方式节余的农村集体建设用地可以通过入股、租用等方式优先、直接用于发展乡村产业。这将促使农村集中居住的节地通过产业开发获取更大的收益,反过来进一步支持农村集中居住发展

---

① 李越.农民集中居住研究综述[J].农业经济,2014(1):105-107.

二、上海具有推进农村进一步集中居住的坚实基础

2003 年以来上海大力推进"三集中"政策,截至 2014 年已经有1.89万户农民家庭实现了集中居住,形成了小昆山、老港"园中村"等集中居住的成功实践,获得进一步推进农村集中居住的经验,为有效推进农村集中居住奠定了良好的基础。[①]

(一)具备了若干务实政策保障

2000 年以来上海出台了若干相关政策措施,尤其是 2019 年 5 月 5 日上海市政府出台了《上海市农村村民住房建设管理办法》以及《关于切实改善本市农民生活居住条件和乡村风貌,进一步推进农民相对集中居住的若干意见》(以下简称"21 号文")等为新时代农村进一步集中居住形成了有力的政策与制度支持。其中,《上海市农村村民住房建设管理办法》对宅基地资格权、建设标准与风貌等做了明确规定。该政策要求按照"农业户籍＋农村集体经济组织成员"的标准确定宅基地资格权,并充分考虑农村生产生活特点,确定了上海住宅建设标准,在增加建筑高度的同时相对减少了人均宅基地面积。同时,通过免费为农户提供科学的专业设计农房设计图,确保农居富含田园风光和乡土风情,并将村居风貌管控纳入了村规民约以加强监督执行。

《关于切实改善本市农民生活居住条件和乡村风貌进一步推进农民相对集中居住的若干意见》重点推动"三高两区"及规划居民点外的分散居住户集中居住。其主要配套政策是在充分尊重农民意愿和科学规划的前提下,加大市级财政补贴,降低建设成本等政策叠加,推动"上楼""平移"和自愿退出宅基地等多模式促进农村集中居住。[②]

(二)制定明确的目标和有力的推进机制

1. 制定了明确的近期目标

为了落实《关于切实改善本市农民生活居住条件和乡村风貌,进一步推进农民相对集中居住的若干意见》,上海规划制定了到 2022 年上完成 5 万农

---

① 谢崇华,陈宏民.上海郊区农民居住集中现状分析与对策[J].上海农业学报,2006(1):90-92.

② 上海市农业农村委员会办公室.上海推进农民相对集中居住情况报告[R].(2020-03-26). http://nyncw.sh.gov.cn/2019fzbg/20200316/14470d33d8db4af29bde50ce824a27e4.html.

户集中居住的近期目标,然后通过中长期土地利用规划和村庄布局规划和村庄规划,对全部村庄分类指导,确定中长期村庄的保留、保护和撤并等类型,并配有专门政策保证后续实施。近期目标推进顺利,2019年底基本完成包括9个涉农区共计96个项目和1.26万户农民相对集中居住,这些相对集中居住以聚焦三高两区为主(占60%),分散居住户归并为辅(占40%)。其安置方式以上楼为主(占59%),平移为辅(占41%)。[①] 上海长期农民集中居住蓝图落实可期。这主要表现为各涉农区的土地规划、村庄规划逐步完成并进一步完善,多规合一、协调推进、配套政策措施具有可操作性。

2. 构建了有力的推进机制

(1)上海市政府与各涉农区签订了工作责任书,落实区委、区政府推进农民相对集中居住主体责任。上海市住建委牵头成立了专门工作组,形成了推进农村集中居住的高效工作机制。

(2)上海市政府编制了《本市农民相对集中居住工作流程》和《上海市农民相对集中居住项目实施方案编制指南》,从而调整优化了政策审核操作流程,提高工作效率,增加了上海市农村集中居住的政策红利。

(3)上海市乡村振兴办会与住建等联合举办农民相对集中居住相关政策培训班,为农村集中居住深入推进奠定了人才基础。同时,上海还专门印发了《农民相对集中居住政策问答》并对9个涉农区、近百个乡镇进行了政策宣讲,已经形成了良好的政策宣传,基本保证了农村集中居住政策普及到基层。[②]

三、政府具有良好的资金技术优势

资金是农村集中居住的基本保证。浦东新区发改委的调研发现,大致农村平移式集中居住需要84万元/户,上楼农户和退出农户也在280万元/户。为了加快农村集中居住,上海出台了许多刺激农户集中居住的补贴。对于平移模式,市级政府节地奖励7万元/户,建设补贴5万元/户。区级政

① 张骏.今年上海核定1.26万农户相对集中居住,到2022年完成5万农户集中居住目标[EB/OL].(2019-11-14) https://www.shobserver.com/news/detail? id=188714.
② 上海市农业农村委员会办公室.上海推进农民相对集中居住情况报告[R].(2020-03-26). http://nyncw.sh.gov.cn/2019fzbg/20200316/14470d33d8db4af29bde50ce824a27e4.html.

府节地补贴 7 万元/户,建设补贴 5 万元/户,合计 24 万元/户。对于上楼模式的农户,市级政府节地奖励 8 万元/户,建设补贴 24 万元/户。区级政府节地补贴 8 万元/户,建设补贴 60 万—100 万元/户,合计 100 万—140 万元/户。市级政府对宅基地退出的补偿为 24 万元/户。区级政府节地补贴 16 万元/户,建设补贴 10 万元/户,合计 50 万元/户。^① 在政府如此大力度专门补贴外,有些村镇还获得环境整治资金、乡村振兴示范村资金等多重资金支持,有利于农村集中居住的发展。

另外,上海作为发达的国际大都市,相关建筑规划人才丰富,可以保证农村居住点及村庄总体规划科学合理,有效促进农户集中居住区的可持续发展。

四、具有良好的机遇

基于国家农村振兴机遇,上海相应出台了《上海市乡村振兴战略实施方案(2018—2022 年)》和相关配套措施。为了加快实践步伐,上海制定了将在 2022 年前实现 5 万户农村居民搬迁到相应的集中安置点的近期目标,并确定了 28 个具有明显产业经济特色村镇作为乡村振兴示范点,将农村集中居住真正落实在乡村振兴和乡村发展上来。农村大部分住房是 20 世纪 80 年代建造的,到了更新的时间了。如果抓好这个机遇推进农民集中居住,重视集中居住区的区位选择,强化基础设施建设,将会大大提高农户参与集中居住的意愿。

五、出台了具体的支持政策

为了加强和推进农村集中居住,上海市政府出台了若干具体的支持政策:

(1)允许区政府因地制宜,制定科学的农民进城(镇)集中居住安置房的房型标准,对进城(镇)集中居住的实物安置面积和农村平移集中的建房标准作出了规定,在确保农民自住需求的基础上,鼓励各区采用多元化方式保障农村村民宅基地财产权益。

---

① 浦东新区发展和改革委员会.关于推进新区农民相对集中居住相关政策研究情况的报告[R].2019-06-07.

（2）加强补贴与税收优惠。如农村集中居住项目实施方案获得批复后，即拨付80％的市级土地出让金返补和市级财政资金补贴，给予平移模式的农村集中居住取得基础设施配套补贴和减量化节地补贴，让纳入区属安置房建设计划的农民安置房享受和征收与安置房相同的税费减免政策等。

（3）优化安置地块的规划选址，加强农村平移集中居住点管理，如增加土地指标管理弹性，优化用地结构，加强建房风貌管控。

（4）明确土地出让价格、土地增减挂钩时间和配套标准。如农村集中居住节约地出让起始价按同类用地基准地价的70％确定，土地增减挂钩延长到5年，明确规定按照动迁安置房配套工程收费标准配套农村集中居住区的水电气等配套工程。[①]

（5）多渠道降低农村集中居住成本。如优先安排和整合市区两级涉农建设资金，注重村庄改造、环境整治和"四好农村路"等基础设施建设和环境整治项目统筹支持农村集中居住。

第三节　上海农村集中居住新政执行中的若干问题

一、镇保户宅基地资格权及"小农民""小市民"问题突出

镇保户是以承包地换镇保的农民户，即为失地农民提供镇保（2003年10月，上海出台了《上海市小城镇社会保险制度的实施方案》，简称"镇保"），为失地农民的生存权、发展权提供了制度保障。到2007年，上海郊区的镇保人数占全部农村人口的12％。其中，金山镇保人数占全部农村人口的比重为19.4％，奉贤镇保人数占全部农村人口的比例为18.2％，最低的闵行和嘉定区该比例分别为4.1％和3.6％（见表7-2）。2015年后，随着镇保与城保对接，上海社会保障层次进一步提升。虽变为非农户籍，但事实上仍然具有长期居住的农村宅基地。目前，上海农村的镇保户仍有相当的数量。如根据2016年CFPS数据库中随机抽样的195个农业户口的家庭中有17.4％的家庭参加了镇保。越是近郊镇，镇保人口占农村总人口比例越大，如祝桥、新

---

①　上海发展改革.[聚焦长三角政策]重磅！上海鼓励农民相对集中居住的政策正式出台[EB/OL].(2019-05-17).http://news.leju.com/2019-05-17/6535092064076741853.shtml.

场在 30%—35%,航头、川沙、曹路在 40%—50%,张江和康桥等占到 95%
(见表 7-2),而远郊村镇较少。因集中居住新政"16 号令"改为以"农村户
籍+农村集体经济组织成员"双控指标认定宅基地资格。镇保户与"小市
民"①失去了合法申请宅基地建房的权限。这些镇保户的农村居住权仍然需
要尊重,他们的意愿得不到满足将会阻碍农村集中居住推进。对于部分"小
农民"②而言,涉及进镇上楼、跨村集中居住土地权属调整或农村宅基地权益
保障时,这一群体无法得到就业安置,也无法缴纳社会保障,给农村集中居
住推进造成较大的困难。因此,妥善解决镇保户的宅基地资格权和"小农
民""小市民"的社会保障与就业是集中居住新政下需要考虑的突出问题
之一。

表 7-2　　　　2007 年上海农村居民镇保和征地养老保险情况　　单位:人;%

地　区	镇　保		征地养老		无任何保险		农村人口	
	人　数	比重	人　数	比重	人　数	比重	人　数	比重
上海郊区	662 079	12.0	101 325	1.8	29 602 870	53.5	5 533 700	100
闵行	29 895	4.1	12 919	1.8	544 189	75.1	724 300	100
嘉定	12 323	3.6	3 072	0.9	219 454	63.7	344 300	100
宝山	84 288	12.9	18 404	2.8	415 054	63.8	650 900	100
浦东	206 813	14.6	26 490	1.9	760 054	53.6	1 418 500	100
金山	77 485	19.4	4 053	1	93 314	23.4	398 400	100
松江	64 740	12.7	20 438	4	270 534	53.1	509 700	100
青浦	74 225	14.3	11 480	2.2	307 166	59.3	518 200	100
奉贤	72 452	18.2	1 588	0.4	168 582	42.3	398 400	100
崇明	39 828	7.0	2 881	0.5	181 923	31.9	571 000	100

资料来源:上海市第二次农业普查领导小组办公室、上海市统计局、国家统计局上海调查总队、周
亚、朱章海,上海市第二次农业普查研究报告集:260。

---

① 　所谓"小市民",是指本市自 2001 年 1 月 1 日以后,统一登记为居民户籍的农村新生的
人口。他们虽然生活在农村,但其性质为居民户籍,失去了农业户籍身份。

② 　所谓"小农民",是指本市在征地解决农民社会保障时,被征地农民中年龄未满 16 周岁的农
村人员。

二、撤并村庄的后续保障亟待解决

农村集中居住的基本表现是撤并一些不适宜集中居住的自然村落。如根据规划,奉贤自然村数量 2020 年将撤并到 2 347 个,2040 年将仅保留 284 个集中居住点。但撤并村庄的后续保障问题急需解决。上海农村房屋多是 20 世纪 80 年代及以前修建的,如奉贤区 3 100 个样本的调查表明 76.6％的房屋的房龄超过 30 年。课题组在 2008 年 7 月对奉贤、金山、浦东、青浦等涉及的 24 个镇的调查表明,74.2％的房屋的房龄超过 30 年。许多房屋严重老化甚至成为危房,若不及时翻修可能会引起生命财产损害。当前政策是限制修缮与翻新。这不符合"16 号令"中丰富居住类型、提高居住质量的精神。现有文件也没有明确规定如何处理撤并村镇的危房旧房处置或新宅安置。另外修订后的《上海市农村村民住房建设管理办法》还涉及关于保留村和保护村庄的公建配套费用减免标准和工作流程等也亟待明确解决。[1]

三、集中居住意愿不高、动力不足且差异明显

农户家庭的集中居住意愿因区位和集中居住方式不同差别很大。如航头镇丰桥村、老港镇"园中村"因处于"三高两区",兼以和动迁相近的较高补偿标准,两轮意愿征询都在 100％。而川沙、周浦等镇因经过美丽乡村、河道整治、庭院美丽等多种优惠政策的叠加建设,生态环境有效提升,农民对集中居住的意愿不高。因动迁补偿标准比集中居住高,农民的期望值过高,减低了农户的集中居住意愿。

不同的补偿模式对集中居住的意愿影响很大。如对奉贤 3 100 个样本的分析表明,置换到高层公寓意愿较高,其集中居住意愿为 53.2％—79.4％。置换到城市/农村高层公寓且部分入股、置换到城市/农村高层且部分货币化部分入股的集中居住意愿较低,仅有 29％左右的受访农户具有集中居住意愿(见表 7-3)。

---

① 王海燕.农民相对集中居住推进缓慢,原因在哪[EB/OL].(2019-9-26).http://www.spcsc.sh.cn/n1939/n1948/n1949/n2431/u1ai197205.html.

表 7-3   奉贤区 3 100 农户对不同集中居住模式的意愿

宅基地房屋集中归并意愿	置换到城市高层安置	置换到农村高层公寓	置换到城市高层且部分货币化	置换到农村高层且部分货币化	出租给集体	处置权给集体意愿
87.6%	79.4%	76.5%	56.4%	53.2%	48.6%	44.3%
置换到较好区域高层公寓且面积根据差价调整	全货币化回购	置换到城市高层安置且部分入股	置换到农村高层公寓且部分入股	置换到城市高层且部分货币化部分入股	置换到农村高层且部分货币化部分入股	
43.6%	33.7%	30.1%	29.9%	29.1%	29.0%	

资料来源:根据国家统计局农村调查队的"奉贤农村宅基地使用状况及流转意愿调查数据"计算整理。

2018 年 11 月课题组对闵行 3 镇 112 个农村家庭的调查发现,77%的农户选择商品房补偿宅基地退出。70%的农户不同意退出宅基地,其原因很多,其中 47%农户因为吃不准政策而犹豫不决,17%的农户期待未来更大的收益。

农民是集中居住的主体,农民的动力是农村集中居住"动力束"中的核心。"16 号令"中也强调尊重农民意愿。农民意愿是农民参与农村集中居住动力大小的表征和衡量。农民集中居住意愿越高,其他因素不变的情况下整体集中居住动力越大。有些实践者认为当前政策是以地为中心,没有充分重视农户集中居住意愿及其差异,没有"以农民为中心",致使集中居住意愿不强、动力不足。

四、集中居住新政中的农民建房标准亟待细化

"16 号令"对农民建房有新的规定:5 人及以下农户宅基地面积和建筑面积分别不超过 140 平方米和 90 平方米;6 人及以上农户宅基地面积和建筑面积分别不超过 160 平方米和 100 平方米,屋脊高度不超过 13 米。现实农户具有 1 人户、2 人户、3 人户、4 人户(见表 7-4 和表 7-5),还有超大的 18 人户。[1] 农村集中居住新政对农民建房标准不够细化,不利于节约土地及很好地解决小户农民家庭和超大农户家庭的公平居住,不利于集中居住新政的落实和具体操作。

---

① 国家统计局农村调查队.奉贤农村宅基地使用状况及流转意愿调查报告[R].2019.

表 7-4　按住户成员人数分的农户构成

单位：户

地 区	1 人户	2 人户	3 人户	4 人户	5 人户	6 人户	7 人户	8 人户	9 人户	10 人及以上户
全市	94 136	256 000	179 866	79 428	77 410	17 152	4 410	928	122	54
闵行	1 071	3 174	5 568	4 807	5 097	1 292	409	52	122	5
宝山	748	4 440	2 551	2 660	3 520	606	162	49	8	1
嘉定	3 741	9 387	10 429	7 814	7 430	1 693	286	62	6	1
浦东	20 230	56 597	47 762	15 933	15 684	3 474	1 118	298	6	34
金山	5 360	20 817	14 291	13 563	19 412	4 571	1 386	285	45	6
松江	4 114	16 637	8 482	5 654	4 863	1 187	113	14	27	0
青浦	5 538	19 730	14 595	8 310	7 912	1 854	459	57	1	3
奉贤	13 962	39 332	17 006	7 796	6 463	1 510	262	62	12	2
崇明	39 372	85 886	59 182	12 891	7 029	965	215	49	15	2

资料来源：上海市第三次农业普查领导小组办公室、上海市统计局、国家统计局上海调查总队，周亚、朱章海，上海市第三次农业普查综合资料，2019：25—26。

表 7-5   按住户成员人数分的农户构成占比

单位：%

地　区	1 人户	2 人户	3 人户	4 人户	5 人户	6 人户	7 人户	8 人户	9 人户	10 人及以上户
全市	13.27	36.08	25.35	11.19	10.91	2.42	0.62	0.13	0.02	0.01
闵行	4.99	14.77	25.92	22.38	23.73	6.01	1.90	0.24	0.04	0.02
宝山	5.07	30.12	17.30	18.04	23.88	4.11	1.10	0.33	0.04	0.01
嘉定	9.16	22.98	25.53	19.13	18.19	4.14	0.70	0.15	0.01	0.00
浦东	12.55	35.12	29.63	9.89	9.73	2.16	0.69	0.18	0.03	0.02
金山	6.72	26.11	17.93	17.01	24.35	5.73	1.74	0.36	0.03	0.01
松江	10.02	40.51	20.66	13.77	11.84	2.89	0.28	0.03	0.00	—
青浦	9.47	33.74	24.96	14.21	13.53	3.17	0.79	0.10	0.02	0.01
奉贤	16.16	45.52	19.68	9.02	7.48	1.75	0.30	0.07	0.02	0.00
崇明	19.15	41.77	28.69	6.27	3.42	0.47	0.10	0.02	0.00	0.00

资料来源：上海市第三次农业普查领导小组办公室、上海市统计局、国家统计局上海调查总队，周亚、朱章海，上海市第三次农业普查综合资料，2019：27-28。

五、集中居住区存在若干亟待解决的后续问题

1. "一地两证"与集而不住问题

首先,由于深受空间的限制,一些农村集中居住区(如大团镇赵桥村等增量农户住宅选址)出现了"一地两证"(宅基地证和承包地证)问题。这涉及制度障碍下的承包地占用和补偿,也涉及集体资产和收益的后续调整与权益保障,亟待解决。

其次,由于村庄年轻劳动力大多进城务工,留守老人居多,建新后若缺乏引导,新建的宅基地利用率不高,可能产生新的闲置。课题组调查发现,村镇大多对这些闲置房产尚无后期利用规划和对策。有些集中居住区建好了,农户的迁入意愿不足,也存在新的集中居住区无法有效利用,既往集中居住项目有进行一半后因资金难题被迫停止成为"烂尾村"的。

2. 集而不足与居业不配问题

一方面,农民集中居住后,由于后续增配规模难以预测,目前村庄平移点规模一经规划确定,无法满足后续申请宅基地建房的需求,必然带来新的历史遗留问题。

另一方面,课题组调查发现,许多农村集中居住项目没有兼顾就业。目前相当部分农户依然没有因集中居住而改变职业或增加就业,也没有离乡离土齐步,无法形成生活观念和就业的转变,无法达到居业同步。

如此一来,参与集中居住的农户感觉福利增加不十分明显,降低了集中居住的吸引力,无法提高意愿,增加集中居住动力。

3. 推进速度缓慢

从20世纪90年代开始的农村集中居住问题依然突出,现实推进和预期目标存在一定差距,主要表现为数量规模缩减,项目进展缓慢,实际范围较小。[①]其中原因是多方面的:

(1)农村集中居住涉及市镇总体规划和土地规划、村庄布点规划、村庄规划等,涉及经济发展用地指标、土地权属、人口控制等,规划滞后。目前全市1585个行政村中做了规划的仅有200多个,而且目前完成的规划也在调

----

① 王霄慨.上海农民建房和集中居住路径探究[J].上海农村经济,2019(8):21-24.

整中,致使农村集中居住的前置条件不足,限制了推进速度。

(2) 针对那些没有动迁机会但急需改善居住环境与条件的农户,安置面积与补偿标准进行了梯度化和制度化设计,对农户的集中居住吸引力不足。怀乡情结和租金收益明显、进镇安置面积小(80%以上为小户型)等导致农民集中居住意愿不强。有些农户即使在城市自行购买了商品房,也不愿意参加农村集中居住和宅基地退出。

(3) 由于集中居住区需要有足够的优区位,而找到获取优区位的足够空间也往往十分困难,尤其涉及跨村平移时因为各方利益的界定、补偿与协调机制尚未建立起来,各种用地约束尚未有足够的解决途径,致使集中居住空间不足。

(4) 根据调研,上海农村集中居住项目资金需求在 100 万—300 万元,给区镇造成巨大的资金压力。如浦江镇在集建区外计划实施 0.8 万户的集中居住项目需要投入 64 亿元,每户 300 万元,其中市级政府、区级政府和镇政府分摊的资金为 30 万元/户、190 万元/户和 80 万元/户。地方债减持带来的融资难度加大和节余土地指标上市缓慢等因素导致资金筹集困难,延缓了农村集中居住速度。[①]

4. 巨大的资金平衡压力与政府财政压力

(1) 资金投入大,平衡难度大。

资金平衡是关系到农村居民进一步集中居住能否变成现实的关键,也是关系到能否持续发展的核心支持问题。根据课题组对浦东、闵行、嘉定、奉贤等农村集中居住项目的调查,发现农村居住集中的资金需求和资金的获取在不同集中居住方式下存在明显差异,资金平衡压力日趋增加。由于资金平衡的关键在于节地效果和出让的建设用地价格,对于土地出让金不高、拆旧规模不大的远郊区集中居住项目来说,资金平衡的难度随之增大。虽然《关于促进上海农民向城镇集中居住的若干意见》(沪府〔2016〕39 号)给予 40 万元/亩的增减挂钩政策,节余建设用地部分的市级土地出让金返还 12 万元或 20 万元/户的搬迁补贴、水电气配套工程收费优惠,但补助总额仅占资金需求的 5%以下,剩余 95%基本需要区政府通过将节余建设用地土地

---

①   王霄慨.上海农民建房和集中居住路径探究[J].上海农村经济,2019(8):21-24.

出让收入区级所得返还,需要多补贴一些用地指标、多捆绑一些出让土地才能做到资金平衡。①② 就整体资金来源看,市政府补贴政策是对有节余建设用地部分的市级土地出让金按照 40 万元/亩、平移农户按照 5 万元/亩、上楼集中居住模式按照 24 万元/亩返还。上楼集中居住中政府的补贴资金大致占全部资金需求的 10% 左右,其余资金来自区政府和镇政府,三级政府的补贴至今大致比例为 1∶4∶5。集中居住的资金需求密集,对于一个 1 000 户的平移或上楼集中居住项目大致需要 8.4 亿元或 28 亿元,镇需要提供的支持资金分别为 3.4 亿元或 14.5 亿元。按照上海市政府计划,2022 年将再增加 5 万户农户集中居住。假若其中 3 万户上楼,2 万户平移,则需要资金为 1 008 亿元,主要涉农镇 100 个,2019—2022 年的 4 年里每个镇每年投入资金为 1.26 亿元。

(2) 政府财政压力大。

一个农村集中居住项目所需资金多在几十亿甚至上百亿元,这些资金主要来自市政府与区镇政府。根据调查,上海目前的平移和上楼两种集中居住方式的资金来自市、区、镇政府的比例大致在 14%∶43%∶40% 和 12%∶42%∶45% 左右,每年落实到镇政府的出资额度大致在几亿到几十亿元。2017 年上海一般公共预算收入 6 642.26 亿元,一般公共预算支出 7 547.62 亿元,即每年拿出 3.79% 以上财政收入支持农村集中居住,对政府来说确是一道难题。目前,农村集中居住项目启动阶段市政府只按户拨发 50% 的定额补贴,阶段剩余的 50% 与节余建设用地出让收入需在项目完工后返还,这无法通过在项目前期的全额市政府补贴和建设用地结余资金支持农村集中居住,其中的资金周转需要区镇政府来承担。从银行融资来看,2019 年来由于地方债务清理,银行对土地收储等项目融资收紧,区镇政府通过土地收储融资难度加大。从镇政府财政实力来看,许多镇政府年财政收入大多在 10 亿元以下,许多镇的财政收入不足 5 亿元甚至不足亿元,若让村镇拿出几亿到十几亿的资金支持乡村集中居住,财政压力着实很大,无法做

————————

①　王海燕.农民相对集中居住推进缓慢,原因在哪[EB/OL].(2019-9-26).http://www.spcsc.sh.cn/n1939/n1948/n1949/n2431/u1ai197205.html.

②　梅圣洁.上海推进农民集中居住政策难点值得关注[EB/OL].(2019-07-04).http://www.xinxingchengzhenhua.com.cn/yanjiu/dongtaiguanzhu/2019-07-04/2305.html.

到可持续发展。可见,农村集中居住推进中的各级政府的财政投入和资金周转压力都很大。

因此,在补贴机制和比例不做调整和改进的情况下,若强行推进农村集中居住,必然带来村镇工作量巨大而缺乏明显的增量收益,有可能进一步增加区镇政府债务,也难以发掘其推进集中居住的积极性和内生动力。

5. 本益计量差异与政策变更对集中居住产生不利影响

目前,因相关农村集中居住的本(成本)益(收益)计算政策、规划政策和新旧集中居住政策的差异性对农村集中居住产生了不利影响。

首先,本益差异的影响。从本益计算来看,有些集中居住项目的成本包含原址搬迁与复垦成本、安置地块收储建安成本、捆绑出让地块收储成本,并按照捆绑地块土地出让金来平衡。有的集中居住项目则仅考虑原址搬迁与复垦成本,其收益也仅考虑减量化指标和节余建设用地及其土地出让收益,没有包括集中居住产生的溢出收益(主要指基础设施和公共服务配置效率提高产生的溢出收益)。这种本益计算差异性限制了农村集中居住项目中的收益水平和收益公平性。

其次,土地规划的影响。土地利用规划规定农村宅基地前后道路算作农用地,而小区道路建设算作建设用地。故农村宅基地归并不涉及土地收储,房屋建造成本也较低,且农民和村集体多愿意部分出资,可以一定程度上减轻区级资金平衡压力,而宅基地置换则涉及土地收储,产生较大资金投入和资金周转成本,减弱了区级政府资金的平衡能力。

最后,政府对农村集中居住资金的支持政策变化及其影响。依照过去的政策,农民集中居住处于试点期,农民集中居住资金得到市政府层面的大力支持,区级政府出资比重较小,区级政府配合推进宅基地等集中居住的积极性很高。但《关于促进上海农民向城镇集中居住的若干意见》(沪府〔2016〕39号)出台后,农村集中居住进入广泛的推进阶段,农村集中居住项目依靠区里自行申报,区级政府的出资比例增大,压力迅速提高,抑制了区级政府对农村集中居住推进的积极性。[①]

总体而言,因相关政策的差异性或非协调性产生的本益计量差异和政

① 梅圣洁.上海推进农民集中居住政策难点值得关注[J].新型城镇化,2019(2019-07-04). http://www.xinxingchengzhenhua.com.cn/yanjiu/dongtaiguanzhu/2019-07-04/2305.html.

府对农村集中居住资金支持政策变化,影响了相关主体获取收益的非公平性,弱化了区级政府积极性,不利于农村集中居住的快速发展。

第四节　当前上海农村集中居住问题的成因分析

一、集中居住新政与既往政策衔接不足

长期以来,上海先后实施过《上海市农村村民住房建设管理办法》(上海市人民政府令第 71 号)《关于进一步完善上海市农民宅基地置换政策意见的通知》(沪府办发〔2014〕12 号)《关于上海市实行城乡建设用地增减挂钩政策推进宅基地置换试点工作的若干意见》(沪府办发〔2010〕1 号)《关于加强本市宅基地管理的若干意见(试行)》(沪规土资乡〔2015〕49 号)《关于促进上海农民向城镇集中居住的若干意见》(沪府〔2016〕39 号)《上海市市级土地整治项目和资金管理办法》(沪规土资综规〔2015〕852 号) [①]等相关农村集中居住的政策文件。

目前农村集中居住新政是执行"16 号令"和"21 号文",但缺少细化,对以往文规中出现的政策非连续性甚至冲突的条款尚未进行衔接和特殊处理。这致使农村集中居住新政执行中出现了关于镇保户的宅基地资格消失、集中居住动力不足、资金平衡难以持续、撤并村及集中居住区等若干后续问题,主要因为缺乏对集中居住新政进一步修补、细化和完善。

二、规划的引领作用不强

规划具有战略性,也具有宣传、阐释发展计划与信息引导预期的作用。村庄布点规划、郊野规划、集建区规划、土地规划、城市规划等包含丰富的区位信息、级差地租信息及发展前景信息,是村落现状和集中居住点区位价值和区内房屋价值变化的晴雨表。基于城市规划、土地规划的郊野规划和村庄布点规划很大程度上给予农户对集中居住区形成良好的预期,进而对集中居住形成良好的引导作用。由于上海的集中居住新政"16 号令"和"21 号文"颁布时,基于既往居住政策的新城市规划、郊野规划和集建区规划已经

① 梅圣洁.上海推进农民集中居住政策难点值得关注[J].新型城镇化,2019(2019-07-04). http://www.xinxingchengzhenhua.com.cn/yanjiu/dongtaiguanzhu/2019-07-04/2305.html.

完成,没有完全体现集中居住的全部内容,与集中居住新政存在冲突。如对于保留和撤并村镇的规划和保障不够合理,农户对在住房屋和集中居住区房屋的价值难以比较,无法彰显集中居住区房屋价值高企和升值潜力,进而无法正确引领农户的选择,提升农户的集中居住意愿和参与动力。

另外,目前规划关于居住区发展中相关政策配套不足,集中居住区的建设规划和实施没有充分引领和释放其对就业、闲置房屋资源及乡土旅游资源开发和新兴服务业的发展,也就减少了集中居住区的魅力和示范效应,无法促进农户集中居住意愿的提高。

三、缺乏社会资本的广泛参与

资金是农村集中居住推进的基础保障。从具有保留和发展村庄改造资金来源看,目前主要资金来自市、区、镇政府。如 2012 年上海对具有保留和发展前景 96 个村庄的 25 682 个农户进行改造的资金投入为 45 456.35 万元,其中市级及中央资金 21 035.1 万元,区、乡镇资金分别为 13 535.1 万元和10 166.62 万元。其他资金仅为 719.53 万元,不足总投入资金的 2%(见表 7-6)。

表 7-6　　　　　　2012 年上海农村改造财政奖补资金构成

区	改造村(个)	涉农户(家)	项目总投资(万元)	奖补资金(万元)			区资金(万元)	乡镇资金(万元)	其他资金(万元)
				合计	市级	中央			
闵行	6	1 611	3 264.99	1 280	1 280	0	975.4	983.6	25.99
嘉定	10	2 960	7 668.35	1 800	1 470	330	2 868	2 613.13	569.22
宝山	5	1 570	2 938.68	1 161.8	976.8	185	1 161.8	585.51	29.57
奉贤	23	2 882	5 090.2	2 784.6	2 319.6	465	1 259.6	1 010	0
松江	6	1 778	3 190	1 484	824	660	1 484	163	59
金山	14	3 067	8 877.56	3 680.4	3 152.4	528	1 498	3 699.16	0
青浦	11	4 730	8 061.3	3 804.3	3 359.3	445	3 804.3	452.7	0
崇明	21	7 084	6 365.26	5 040	3 753	1 287	630	659.52	35.74
合计	96	25 682	45 456.35	21 035.1	17 135.1	3 900	13 535.1	10 166.62	719.53

资料来源:上海市农业委员会,上海市财政局。[①]

---

① 上海市农业委员会.关于本市实行村级公益事业建设一事一议财政奖补推进农村村庄改造的实施意见[EB/OL].2012-02-23.https://www.docin.com/p-920095520.html.

2018 年上海市政府对具有保留和发展价值的 115 个村庄、73 847 个农户进行集中居住改造,资金总额为 155 070.49 万元,其中市级资金 92 081.15 万元,区资金 54 279.35 万元,其他资金 8 730.79 万元,不足总投入的 6％(见表7-7)。

表 7-7　　　　　　　　2018 年上海农村改造财政奖补资金

区	改造村(个)	涉及农户(家)	项目总投资(万元)	市级(含中央)奖补资金(万元)	区资金(万元)	其他资金(万元)
闵行	2	1 855	3 714.90	1 484	2 226	4.90
嘉定	7	4 316	15 600.36	3 452.8	5 179.2	6 968.36
奉贤	17	8 610	17 695.30	10 332	6 888	475.30
松江	5	3 755	6 407.49	3 191.75	3 191.75	23.99
金山	25	15 759	32 394.66	18 910.8	12 607.2	897.46
青浦	28	14 013	28 384.97	14 013	14 013	358.97
崇明	31	25 539	50 872.81	40 696.8	10 174.2	1.81
合计	115	73 847	155 070.49	92 081.15	54 279.35	8 730.79

资料来源:上海市农业委员会,http://nyncw.sh.gov.cn/cmsres/b5/b5c2c5d85192449db3432d4e3b282fda/e10650706ecb259fd4c7b60fdc24a8ab.pdf。

农村集中居住模式虽然不同,集中居住资金的来源结构存在差异,但资金主要来自市、区、镇各级政府。按照课题组调查样本估算,集中居住中的平移模式每户资金需求大约为 84 万元。资金来源包括市级补贴 12 万元/户,包括市级建设补贴 5 万元/户,节地补贴月 7 万元/户(40 万元/亩,40％节地);区级资金支持 36 万元,包括区节地补贴 7 万元/户,建设补贴约 5 万元/户,区级指标收购 24 万元/户(150 万元/亩);镇级资金 34 万元。集中居住中的上楼模式每户费用大约为 280 万元。其资金来源包括市级补贴 32 万元/户,包括市级财政补贴 24 万元/户,土地出让金返还 8 万元/户(40 万元/亩,50％的节地率);区级资金 118 万元/户(区级节地奖 8 万元/户,建设补贴80 万元/户,区级指标收购费 30 万元/户);镇级资金 125 万元/户。

可见,目前农村集中居住的资金来源渠道较窄,缺乏社会资本的广泛参与。集中居住资金主要来自各级政府,且资金需要量大,占用期长,再加上老龄化发展迅速,劳动力、土地等生产要素成本大幅度上升,科技创新依然不足,中美贸易摩擦、逆全球化与贸易保护等国内国际挑战复杂而强烈,这种环境下以政府为主的集中居住资金的供给模式将日益给各级政府带来难以承受的压力。

四、不同利益相关主体的诉求差异

农村集中居住中涉及许多利益相关主体:农民、市政府、区镇政府及相关企业等。农户最主要的利益诉求是集中前后自身利益平衡,集中后收入增加及公共设施和服务更加齐全。市政府需要考虑城市总体规划目标和空间优化,农用地和非农用地占补平衡,商贸、通信、运输、生态、文化娱乐等基础设施建设得到保障,全面提高农民生产生活水平,逐步实现城乡融合。区、镇政府在遵循市级政府诉求的同时,希望自身产业得到发展,集中居住资金能够适度负荷。对于相关企业来说,希望参与农村集中居住项目,可以通过投入最小的成本获得最大的收益。各主体的近期目标与中长期规划存在一定冲突,满足了宜居要求却不能满足就业需要,也存在推进速度与集中居住项目质量、政府包办与农民和村庄需求等的非一致性,有些时候造成个别农村集中居住项目中最主要的利益相关主体——农民被动接受或在局外旁观等情况的发生。因此,要在农村集中居住推进中动态平衡各利益相关主体的诉求确非易事。

第八章　推进上海农村居住相对集中的目标模式与对策

第一节　推进上海农村居住相对集中的目标

农村集中居住是一个复杂工程,需要宅基地置换,需要巨量资金支持,需要系统政策保障,需要人才与创新推动,需要城乡互动,需要将农村集中居住系统动态升级调整。要进行宅基地置换,需要征询农民意愿、寻找安置地块、编制土地指标、制定资金平衡方案、落实资金等。土地财政和建设用地总量限制等因素导致区级政府在推进农民集中居住过程中需要承担较大的财政压力,一定程度上抑制了其推进农村集中居住的积极性。因此,上海的农村集中居住需要基于科学规划,积聚财力,发掘潜力,分阶段逐步推进。

按照最新农村地籍调查更新数据,全市在乡村地区共有宅基地数 68 万户[①],按照上海各区拟定农民相对集中居住计划,进镇上楼户数占 50％,平移户占到 16％,其余为保留户的规划目标[②],考虑未来人口老龄化、农户的减少和增生,未来农村集中居住的农户集中居住调整将涉及 44 万户。这些农户的集中居住推进可分为如下几个阶段,以不断加速的模式逐步推进。

---

① 第三次农业普查为 70 万户,按照上海统计年鉴农村居住户为 99 万户。

② 王海燕.上海各区拟定农民相对集中居住计划,进镇"上楼"户数占 50％[EB/OL].(2019-5-24). https://www.shobserver.com/news/detail? id＝153009.

1. 1990—2018 年为多批次试点阶段

这一阶段重点选择了一些条件较好的村庄多批次试点了宅基地归并、宅基地置换、动迁等不同的集中居住模式,总结经验,为进一步推进农村集中居住奠定基础。

2. 2019—2022 年为广泛示范阶段

这一阶段重点推进 5 万户农村居民集中居住。目前根据总体村庄规划和现实条件,广泛试验示范,稳步推进,并注重培育下一步集中居住推进对象村镇。

3. 2023—2030 年为加速推动阶段

这一阶段重点是基于总体村庄规划和前期对潜在集中居住培育,进一步推动 20 万户农村居民集中居住,促使农村居民集中居住基本完成,并同时注重培育下一阶段的村庄集中居住项目。

4. 2031—2035 年为完善阶段

这一阶段重点是基于总体村庄规划和前期潜在集中居住区培育,继续深入推动 19 万户农村居民集中居住。由于前两个阶段村庄集中居住推进,许多条件好、潜力大的潜在集中居住区建设基本完成,剩下的是集中居住潜力不够大、集中居住推进难的集中居住区,因此这一阶段的工作十分艰巨。

5. 2036—2050 年为城乡融合阶段

这一阶段重点是通过农村集中居住和相关基础设施配套,形成强劲的产业支撑,增加集中居住农户的就业和收入,让农村居住区居民与城区居民大致相当的文教卫生、娱乐体育、环境保护等生活基础设施及金融、房地产、交通贸易等生产性服务等,具备城乡居住等值,达到城乡融合,实现农村富、农村强、农村美。

第二节　推进上海农村居住相对集中的原则

一、公平公正

政府财政主要来自税收,若大量的财政拨款支持农村居住集中,则会造成对城区内及农村中的非集中居住户的不公平。不同集中居住方式和对集中居住户的补贴幅度不同,可能造成不同农村地区和不同集中居住农户间的不公平。因此,推进农村集中居住要遵循不同农村地区间的公平、城乡间的公平、不同类型的农村住户间的公平。

二、增加农户财富和福利

农村集中居住本质上是为了实现乡村振兴和城乡融合,进而增加农户的福利。因此,农村集中居住要充分发掘农村集中居住住户的宅基地隐形价值,调动各种投资主体积极性,切实增加集中居住农户的财富,提升集中居住户的福利水平。

三、服务国家战略规划和上海总体规划与发展战略

上海农村家庭的集中居住本身是国家和上海发展战略和实践的一部分,必须遵循和助力国家和上海的有关战略规划和经济发展计划。将上海农村居民的集中居住实践有效纳入国家和上海的综合系统,最大限度地得到国家和上海相关或专项政策、资金的支持,获取优惠政策的叠加效应。

四、发挥市场化"无形的手"和政府"有形的手"的双重作用

农村集中居住是发展和振兴农村经济的长期行动,是政府迅速启动、推动农户集中居住的关键抓手。短期内,政府的推动和资金支持为主,力求通过引导、宣传、示范等提升农户意愿的作用。随着农户意愿的提升,市场作用会逐步加强,政府资金的投入方向将越来越聚焦到基础设施投资和一些专项补贴上,逐步减少直接干预,以"有形的手"与市场"无形的手""共舞",促使农村集中居住可持续发展。

五、系统性和前瞻性

农村集中居住的重置成本很高,所需时间较长,因此集中居住项目一旦完成,不宜频繁变动。不应把发展型村庄集中居住点很快变为撤并型集中居住点,也不应把已经建成的集中居住项目推倒重来,从而造成巨大损失。因此农村集中居住项目的开发必须具有前瞻性和系统性的规划和配套政策,让农村集中居住具有长效性、应时性,对集中居住农户乃至城乡社会提

供"涌现性"福利,加速增长效应。

六、以人为本体现"以农民为中心"

要提高农户集中居住意愿,增加农户参与集中居住的积极性是根本。农村集中居住最直接的表现是改善居住条件且节约土地资源。但农村集中居住的根本是让农民发展起来,也就是说,这一政策与实践行动是以农村集中居住为抓手,直接改善和美化参与集中居住的农户居住环境的同时,大力提升集中居住农户的生产生活设施水平,增加公共服务能力,优化各类市场服务的类型和数量结构,促进农村经济增加就业和收入,达到居业匹配,互动发展,真正体现"以农民为中心"。

七、因地制宜与多元化选择

农村集中居住是要落实到具体乡镇、农村、农户,不同的村庄具有自身的历史文化、风俗习惯、居住偏好,具有不同的地质地貌、气候水文等特征,也具有不同的经济区位、人口结构、就业状况、人均收入水平、经济发展水平、人均教育水平和对集中居住的预期。因此,农村集中居住需要遵循农户意愿,因地制宜,给予集中居住农户多样化选择,增加农户福利,让农户心甘情愿、积极地参与农村居住集中工程中,确保集中居住项目成功、高效,不留后遗症。

第三节　推进上海农村居住相对集中的基本思路

一、总体思路

在尊重农民意愿的前提下,以农民为中心,凸显以人为本和科学地规划引导,强化产业和基础设施的强力支撑作用,辅以农村土地使用制度改革,以非均衡发展时序,在乡村振兴和城乡融合的背景下,多模式、多选择地推进农村集中居住。

二、具体维度

具体而言,推进农村集中居住的思路具有多维的特征,可至少具体归结为如下几个方面：

1. 政策规划维度

要以人为本，顶层设计，规划先行且体现规划的适度超前和科学引导，稳妥推进。

2. 资金保障维度

主要拓展区政府、镇政府、农户、市政府、村委、工商企业或其他投资主体等以灵活的比例多元化筹集资金。

3. 推进动力系统维度

农村集中居住必须构建以农户为中心的推拉主动力＋辅助动力的综合系统。其中，农民参与集中居住的需求和意愿是最基础、最必要的拉动力，政府为最重要的推动力，资金平衡能力、节约土地的能力、福利提高能力等是重要的辅助动力。

4. 农户利益保护维度

农村集中居住要充分尊重农户家庭意愿，因地制宜，量力而行，依法推动，村民同意率95％以上为基本实施约束线，保证农民的权益，以适度从高的集中居住补偿标准增加农户的资产与财富，真正做到以人为本，以农民为中心，不能增加农民负担。

5. 政策目标维度

农村集中居住的基本政策目标是对接城乡基础设施，实现城乡一体化的基础设施网络，实现城乡基础设施的普惠制；通过农村集中居住推动乡村振兴，实现城乡融合，居住等值；实现城乡新时代的新分工，推动"三农"可持续发展，建设富、强、美的农村现代化。

第四节　推进上海农村居住相对集中的模式

一、主要模式

按照宅基地置换后房屋的层高变化，可以分为平移模式和上楼模式。

1. 平移模式

平移模式是根据集中居住点规划集中居住农户放弃当前的房屋换取指

定集中居住点的房屋。这类房屋符合规定的宅基地面积、建筑面积、层高及层数(若根据目前的"16 号令"和"21 号文",5 人及以下农户宅基地面积和建筑面积在分别控制在 140 平方米和 90 平方米,6 人及以上控制在 160 平方米和 100 平方米)。这种平移可以分为村内平移和跨村平移,建筑物高度控制在 13 米以内。这一模式又分为多种实现类型:在政府补贴和奖励政策下,按照政府统一的集中居住区规划和建筑风格,农民可以在规定的集中居住区内自建;可以是工商企业等第三方组织以资源开发等相关的交换条件在集中居住区建设集中居住房屋,符合要求的农户以既有宅基地换取相关进住和产权;可以是政府垫资兴建集中居住区房屋,免费分配给相应农户。

2. 置换上楼模式

上楼模式是拟定集中居住农户放弃当前物业,有条件地置换到高层楼宇居住,即政府通过货币补贴及相关政策支持,农民自愿放弃现有的农村宅基地及附着其上的住房,以换取城镇商品楼房或农村集中居住区的高层楼房。前者完全实现了城镇定居,居民的生产方式、就业方式和居住方式都需要完全城镇化,是农村集中居住的高级形式。此类模式是提高城镇化水平特别是城镇建设品位的最佳选择,应作为农民集中居住的高级形态大力倡导。当然由于起点较高,主要适合那些已在城镇实现稳定就业,并有较高收入预期的农民群体。后者只是居住的高层化,生产方式、就业方式没有改变,主要是为了节约土地,增加集中居住规模,有利于集中配置基础设施对接和融合城乡一体化发展。相比平移模式,上楼集中的节地率高,成本也很高。

3. 货币化退出模式

对于已经在其他农村集中居住区具有了(或即将具有)住房或在城镇购买(或即将购买)商品房等具有房屋住所的农村居民来说,可以接受货币补偿的方法将农村非集中居住区的农村住宅退出。

4. 动迁模式

动迁模式是将农户的集体建设用地征为国有建设用地,农民可以以现有的集体土地上的房屋置换可上市交易的一套或几套商品房。这类模式最受农户欢迎。

5. 其他模式

其他模式是以上几种集中模式之外的各种模式,至少包括:将住宅置换到城市高层且部分货币化、置换到农村高层且部分货币化、出租给集体、处置权给集体、置换到较好区域高层公寓且面积根据差价调整、政府全货币化回购、置换到城市高层安置且部分入股、置换到农村高层公寓且部分入股、置换到城市高层且部分货币化部分入股、置换到农村高层且部分货币化部分入股等。

二、模式比较与选择

2000年以来,随着上海提出"工业向园区集中、农业向规模经营集中和农民居住集中"的战略思路,"三集中"的实践不断深入。基于实践经验的总结完善,上海发展出了一套相对完整且具有相当推广与借鉴意义的政策体系。

根据表8-1,农民集中居住主要表现为动迁、宅基地归并、宅基地置换三种推进模式。农村集中居住最终目标是推动新型城镇化的发展,提高农民的居住水平,分享现代化改革与发展的成果,增加农村居民的福利水平,同时也带来土地资源的节约和优化配置,提高经济发展的效率。[1]

表 8-1　　　　　　上海市推进农民集中居住的三大模式比较[2]

模　式	动迁模式	宅基地置换模式 (进镇上楼)	异地集中建房模式 (包括村内宅基地归并 和跨村宅基地归并)
主要适用范围	土地出让价格较高,商业开发有盈余的地区;涉及工业区开发、道路、重大基础设施红线内区域	高铁、高速公路、高压走廊沿线,以及垃圾填埋场、水源保护区等环境敏感区范围内	类型一:规划上处于基本农田保护区;农民原有住宅基本在同一时间段建成,且年久失修,农民翻新意愿比较强烈 类型二:农村生活环境和基础设施建设亟待改善
代表案例	各类市政项目动迁、城中村拔点改造等	嘉定区外冈镇、崇明区港西镇等两轮试点区域	奉贤区庄行新叶村,属于(类型一) 金山区廊下勇敢村,属于(类型二)

---

[1] 梅圣洁.上海推进农民集中居住政策难点值得关注[EB/OL].(2019-07-04).http://www.xinxingchengzhenhua.com.cn/yanjiu/dongtaiguanzhu/2019-07-04/2305.html.

[2] 上海市发展改革研究院.推进本市农民集中居住调研和政策研究[R].2015-12.

（续表）

模　式	动迁模式	宅基地置换模式 （进镇上楼）	异地集中建房模式 （包括村内宅基地归并 和跨村宅基地归并）
主要做法	以地块为单位,拆除宅基地地块上房屋形成所需建设用地;在全区各类安置房中统筹安排被拆迁对象。农民承包地一般征收为国有建设用地	以村为单位,拆旧区宅基地复垦为耕地并形成建设用地指标;在城镇集中建设区范围内建造农民安置房,节余土地在本镇或全区层面进行选择开发,资金用于平衡农民安置房建设	以村为单位,制定中心村规划,统一规划建设,建造农民连栋别墅;原有房屋拆除,按照不同指标类别,由区政府收购,用于资金平衡;中心村外配套建设由政府筹资解决
拆旧地块性质	集体建设用地	集体建设用地	集体建设用地
建新地块性质	国有建设用地	国有建设用地	集体建设用地
安置房屋形态	高层,少量为多层	高层,少量为多层	独栋/双拼,少量联排
农民获得房屋情况	2—3套商品住宅	2—3套商品住宅	1套农民住房
农民获得产证情况	获得房地产权证(绿证)	获得房地产权证(绿证)	目前难以获得房地产权证(红证)
土地节余效果	宅基地面积减少60%以上	宅基地面积减少60%以上	宅基地面积减少40%以内
主要政策	集体土地上房屋征收管理办法	宅基地置换的相关政策(包括市级土地出让金按一定比例和基数返还,每亩最多可返还40多万元,电力、通信等基础设施配套建设收费参照动迁房优惠政策执行)	村庄改造补贴资金(每户2万元) 市级土地整理专项补贴资金(额度不确定,由市相关部门根据复垦农田规模和成本等综合确定)
主要收入来源	商业开发资金来源为拆除宅基地地块的土地出让收入;市政项目或其他工业区开发则计入总成本后予以平衡	在本镇或全区层面,利用复垦形成的建设用地指标,选择相应地块进行商业开发所获土地出让收入,建新地块的土地出让收入占到总收入的90%以上	节余建设用地指标和复垦耕地的指标费;一般各区县收购价为建设用地每亩80万—120万元,耕地指标每亩5.5万元

（续表）

模　式	动迁模式	宅基地置换模式 （进镇上楼）	异地集中建房模式 （包括村内宅基地归并 和跨村宅基地归并）
平均成本	根据城中村改造相关方案和实际测算,中心城区拓展区一般为500万元,远郊地区一般不低于250万元	不同试点项目的测算成本相差较大,根据外冈镇近期项目估算,每户平均成本约150万元以上。奉贤柘林地块的预测成本约每户130万元(上述两项目中安置地块建设费用约占70%)	根据新叶村和勇敢村实践,易地建房的户均成本约50万元,其中建房成本与配套成本各50%
资金平衡难度	商业开发一般能实现资金平衡:市政项目或其他工业区开发一般不考虑资金平衡问题	部分能实现资金平衡,受土地拍卖市场影响较大	扣除大量政策资金补贴后,目前难以依靠自身实现资金平衡
农民出资情况	不出资	不出资	部分项目中农民承担少量资金
农民保障及农民身份变化	农民转变为市民,给予被拆迁农民小城镇保险	农民身份不变,享受农保	农民身份不变,享受农保
农民接受意愿	因能解决社会保障问题,且获得可供出售的商品住宅,农民接受意愿最高	因能获得可供出售的商品住宅,农民接受意愿较高	不同区域农民接受意愿差别较大。对于城市化地区农民,由于不解决社保,且不能获得商品房,故接受程度较低。对于翻新意愿比较强烈、难以看到动迁希望的远郊农民,接受意愿较高

资料来源:上海市发展改革研究院,推进本市农民集中居住调研和政策研究(课题报告),2015-12。

　　基于前文的分析,农民集中居住意愿高低是选择农村居民集中居住推进模式的首要标准。农民在选择宅基地置换集中居住点住宅时,首先选择置换到城市高层安置和置换到农村高层公寓,这类集中居住点项目中,农民的意愿都很高。但是上楼模式相比平移需求的资金多,给各级政府带来的压力大,政府应当多方筹集集中居住资金,调动多元化投资主体的积极性,满足这类集中居住项目的成功实施。若从区域层面看,农村进一步推进集中居住需要可以首先选择远郊地区。课题组调研发现,位于远郊的农民处于农村深处,动迁的可能性较小,农民当前的生活生产环境与城市的差别最大。实践表明,这类地区的农村居住集中项目通常会给农民带来整体福利的显著提高,甚至会大大超出农民家庭的预期。而且这类项目多是平移模式,顺应了一定的农民生活惯性,因此农民家庭的集中居住意愿很强,且每户农民需要的集中居住资金相对较少,易于实施。对于近郊区的农户,对自身宅基地的未来收益预期很高,应主要采取动迁模式。这类项目的资金需求和住宅的补偿面积都较高,具体的实践需要稳步推进,不易过速,以免带来资金等诸多问题。同时这类项目涉及的宅基地多被征为国有,易于实行抵押贷款等多种资金的筹措方式,应当遵循市场原则,以招标方式引进企业等投资主体,满足资金的需求和风险的分担,有效推进该类农村集中居住。对近远郊之间的中郊地带的多数农户而言,其总体集中居住意愿较低且分异明显,应选择条件相对成熟,具有较好的资金支持的村庄首先推进。对于意愿类别多样化较强的地区,应对症下药,采取最灵活的"宅基地+部分货币化+部分入股"等不同比例的组合方式进行分类实施。若从集中居住对象村庄看,对于集中居住意愿较为一致的村庄可选择整体平移或上楼,对于因文化特色等明显的村庄,经相关认证后可选择整体保留。对于不适合继续集中居住的村庄,可选择适时撤并。

第五节 促进上海农村进一步集中居住的对策建议

一、加强农村集中居住新政的进一步完善

为了保持政策的一致性和公平性,应仔细梳理既有政策和新政的差别,对集中居住新政的后续调整完善。一方面,要细化平移归并中宅基地及建房标准,形成进镇上楼的具体操作标准及实施细则。另一方面,要对一些实践中模糊和缺失的政策在后续的政策解释部分进行增补。如要仔细统计和摸清镇保户和"小市民"数量及变化规律,明确给予镇保户宅基地申请资格,依然给予平移、上楼和货币化退出的选择,鼓励进镇上楼和货币化退出。妥善处理"小市民"问题,减少农村集中居住发展阻力。

对必须占用承包地的农村集中居住项目,需要进一步破解"确权确地"难题,科学调整跨村跨组安置的可操作路径。按照国家规定,通过置换和土地产权变更消除"一地两证"。以镇政府作为集体土地流转和流转费用支付的主体,建新区与流转费由镇统一支付;建议相关部门妥善解决集体经济组织收益归属问题,可采取土地产权调整或经济补偿方式操作,并按规定办理土地所有权变更,消除农民顾虑。保持农民集中居住补贴政策的明确性、稳定性和持续性,杜绝农民在参与集中居住过程中政策观望和要价博弈乱象的发生。

二、提升意愿增加农民集中居住推进动力

识别和提升农户的意愿是推进农村集中居住的关键,"16号令"和"21号文"也明确规定农村集中居住必须尊重农民意愿。为此,在今后的农村集中居住推进中,应重新调整郊野规划和集中居住点规划,让规划成为引导农村集中居住的"指示器",给予农民更多的对集中居住的预期信息,让农村居民认识到集中居住后的房地产可能的升值和溢价效应及在生产生活设施相对配备齐全的情况下的福利加成效应,提高潜在集中居住对象家庭的集中居住意愿。

高度重视农户的集中居住意愿差异,紧紧抓住影响农民家庭集中居住意愿的敏感因素,真正将集中居住实践建立在提高和尊重农民集中居住意愿的基础之上。如从区位因素考虑,对远郊纯农户、无安置房源、希望延续农民生活方式、对农业依赖强的农户来说,上楼意愿不强,应当多发展平移型集中居住项目;而对毗邻产业区、区域经济条件较好、有安置房源、生活方式转变、农业依赖弱的农户来说,其上楼主观愿望较强,应多发展上楼模式的集中居住,并配以就业开发达到居业匹配。针对目前农民家庭具有强烈的持有房屋资产的偏好,要多采用置换到高层安置模式,适量发展稳步推进其他形式的农民集中居住模式。

基于科学的集中居住规划,摸清不同集中居住人群的意愿和对资产的持有偏好,因地制宜采用适宜的集中居住模式,满足和提高不同农户的集中居住意愿,增加农户集中居住动力。增加既有项目的示范效应和魅力,遵循市场规律,采用与动迁相似的补贴和奖励标准,明显增加农村集中居住农户

集中居住后的资产,以提高农民集中居住意愿,推动农村集中居住的快速发展。

同时,改善不同层级政府在农村集中居住中的资金补贴比例,减轻区级和村镇资金压力,增加村镇在农村集中居住项目中的增量收益,激励村镇政府参与和推进集中居住的积极性。为此市政府应当加强研究和政策创新,加大对区级推进农民居住集中的融资支持,如利用上海地方债为项目融资、鼓励市级相关国企参与项目,积极整合村庄改造资金、水务整治资金等用于农民集中居住项目,更多地将农村集中居住的安置地块纳入保障房项目,减免安置地块土地出让金,研究更强力度的节约土地的奖励政策等。

降低集中居住成本。由于农村集中居住区减少了庭院经济,增加了商业能源支出及农产品及农副产品的支出,增加了物业成本支出乃至水电费支出等一系列生活生产成本,打击了居住集中的积极性。为此,应出台配套优惠政策降低搬迁农民生活成本。如出台新近集中居住社区类似保障房政策,或制定适合农民集中居住建房标准和配套收费标准以及社区管理和物业管理的相关办法,对农村集中居住的水电费、物业费给予一定年限的减免或减量政策,或给予搬迁到集中居住的农民给予一定年限的补贴政策,从而降低生产生活成本,增加农村集中居住的福利效果。

三、加强不同类型的集中居住区的后续管理

建成集中居住区的建筑物和构筑物及相关硬件配套,完成农户入住仅是集中居住区建设的第一步,后续管理也需要有效加强。如针对上楼集中居住后生活空间、劳动空间失配失衡,后续保障和权益难以单独解决的难题,应将上楼农民住房纳入城镇住房保障体系统一管理,上楼农民的后续权益,如承包地、集体经营收益与股份等统一流转及管理。

农民建房管理中明确撤并区内农宅在一定有效期内不得翻建、改建,在引导农民有序撤并的同时,要为撤并区内的居民在撤并迁出前提供相对合意的新居房屋和方便的交通、通信设施及其他相关生产、生活设施。

既要保持保留区的原汁原味,又要保持升级保留区的居住和服务结构、服务质量,是十分复杂的后续管理。

四、面向未来统筹发展

注重全面统筹与规划,重视集中居住与就业等问题,防止意愿不足的情况下盲目兴建集中居住工程,防止烂尾村、空心村再现。

农民集中居住房屋的户型设计考虑后续民宿或市场化利用闲置农居的支持条件,探索农民集中居住区闲置住宅在创意产业、办公服务和养老服务等方面的开发利用,发掘其就业潜力。如嘉定乡悦华亭户型设计同时考虑后续民宿开发需求,奉贤吴房村、奉贤南桥六墩村为改造为创意产业、办公服务等奠定基础;再如嘉定乡悦华亭、松江叶榭镇幸福老人村为统筹对接养老产业发展做好准备。

当然,新的上楼型农村集聚区要适度超前配置生产生活设施,出台有利政策,支持集聚区建设的同时,也创造就业,促进集中居住区的离土离乡同步,注重重建农户的城市生产生活观念和生活生产方式及居住方式同步发展,减少集中居住后的不适,从而提高农民参与集中居住的意愿,增强农民参与集中居住的动力。

五、加强集中居住资金多元和政府投资结构优化

首先,完善市、区、镇、村、集体及国有资本和社会资本等多元投入机制。明确市政府、区政府、镇政府、村庄及农户家庭在集中居住资金筹措中的责、权、利。通过适当发行地方债、低息贷款或专项建房贷款贴息等方法筹措资金。适度发展农村集体建设用地入市,筹措资金。加强区内和市内的统筹,将出让的部分节地指标尽量安排在级差地租高的城区,以较少的出让面积获得更多的出让金支持农村居住集中,做到推进集中居住不增政府债务。注重政策的叠加效应,运用不同政策的资金叠加来充盈农村集中居住资金,减轻资金压力。鼓励大型企业以综合开发或专项开发或专项服务的方式进入农村集中居住项目,在贡献周转资金的同时,可以获取一定的优先权开展建安工程承包、闲置农居资源开发、物业服务承包、相关乡村旅游项目开发、集中居住区配置服务项目等。

其次,优化政府投资结构。调节政府支持农村集中居住的投资结构,努力借助市场解决资金难题。目前,上海农村集中居住的平衡资金主要来自

各级政府,难以持续发展。为此,上海应当调节投资结构,专注于投向乡村及城乡基础设施对接,注重基础设施的运行效率和基础设施的数量、质量的公平与普惠。

若从大都市地产的升值规律和时间价值规律看,统筹是空间价值换取时间价值的基本思路,即使劣等区位也具有长期资产平衡的可能性。因此,农户集中居住本身是一个"潜力型空间类资产"置换为显性资产或财富形式,应该充分发挥市场的作用。政府可以借助统筹,在优化整体空间区位的同时,以土地利用结构优化为原则,遵照农业用地红线,将部分劣等区位的集体建设用地统筹到区位良好的空间,获得低价值资产的统筹"溢价"解决资金不足。

从公平性来看,若以政府包办式重房屋建设、轻配套和轻基础设施建设的农村集中居住模式造成新的不公平,纳税人的钱被直接输入到农民的集中居住项目,这对非集中居住居民和城市居民来说也是一种不公平。因此政府资金应当加大对集中居住区的基础设施和公共设施投资,让城乡基础设施现代化对接,以提高公共物品的形式支持,而且这种支持直接促成了集中居住区房屋的溢价和农户资产和财富的增加。这种重基础设施配置、轻房屋建设的政府资金投入结构转变可以带来吸聚资金投入的效应。如农户看到在基础设施现代化的集中居住区持有物业具有明显的财富增加和升值的效果,提高了其集中居住意愿,可以开展在划定的集中居住区农民自主建房或集资建楼,让农户在自愿情境下发现集中居住的投资价值,提高集中居住资金的贡献度。而城乡基础设施的对接和升级也会使非农户收到设施网络升级扩容的溢出效应。政府另一个重要的着力点是制定科学的规划和管理法规,同时适时、适度统筹农村集体建设用地和耕地总量限制下的占补平衡、产权变更与结构优化等。

六、以农村集中居住促进乡村振兴

当前形势下推动农村居民集中居住不再是土地增加挂钩来获取建设用地指标,而是节约土地资源,增加和升级基础设施,优化公共资源配置并提高利用效率,促进农业现代化。同时,推动农村集中居住也是推动土地市场改革的重要手段,如通过宅基地置换将原来集体土地上的产权房置换为可以上市交易的产权房,构建了农民宅基地间接入市的通道,既保证了农民宅基地价值的显化,又体现了入市同地同权的机会。可见,农村集中居住是新时代推动乡村振兴、提高农民共享城市化发展成果的渠道,是推动城乡融合发展、城市反哺农村的必然需要。

因此,农村集中居住是唤醒沉睡的宅基地的行动,也是农户短期内获得资产迅速增加的最好机遇。通过法规和"资产契约"处理好集中居住的后续问题,努力将宅基地这个农户最基本、最重要的保障资源的效用发挥到最大,让农民因集中居住而大幅度增加福利,因集中居住而快速发展,因集中居住而富裕,因集中居住而环境美化,真正促进乡村振兴。

七、大力发展集中居住区的支持产业

集中居住区可因产业而固、因产业而富、因产业而强。因此,农村集中居住必须高度重视相关产业的培育和发展。根据农村集中居住区的特点及农村赋有的自然与人文资源及产业发展优势,不断加强培育产业增长点和特色产业发展动力,形成支持农村集中居住区的支持产业体系,为农村集中居住区农民提供就业、收入,维持和增强对集中居住区房屋资源的需求,提升集中居住区房屋资源的价值,激发集中居住区房地产持有者维护和美化集中居住区的积极性,保持农村集中居住区稳定的可持续增长的人气,防止其居民的过度流失和空心化乃至凋敝,形成"美、富、强"一体化的农村集中居住区生态与文化体系,实现农村集中居住区对接城镇,融合城乡,健康发展。

八、提高领导绩效以增加农村集中居住项目的成功率和发展能力

首先,通过提高农村集中居住工作在市级和区级职能部门的领导考核中权重,以指标量化、民意调查、综合评价等方式加强对各级职能分管农村集中居住的领导的评价和考核,增加其对高效快速推进农村集中居住的责任感、紧迫感,调动其积极性和创造性。尤其对于类似"三高两区"的上访诉求反映强烈的区域的农村集中居住,遵循要事特办准则,纳入农村集中重点推动项目储备清单,并将项目推进成效纳入相关领导政绩业绩考核体系。

其次,加大政策和成功案例的宣传,让农民全面理解、接受、拥护和自觉推动农村集中居住实践,切实享受到集中居住和保留集体经济身份的收益。通过设法增加集中居住农户的福利、增加组织推进农村集中居住领导的能力、满足农户预期增加农户的积极支持,提高农村集中居住的成功率①。

最后,增加专业知识与技术培训。发挥农协会、行会及相关组织的作用,加强创新提高政府投入资金的使用效率和资金与技术的匹配能力,增加造血功能。

九、成立开发基金并优化支持政策系统

足量资金保障是推进农村集中居住的基础。由于农村集中居住是一个需要巨量投入和长期推进才能完成的系统工程项目,筹集资金的压力很大。

首先,应以上海市财政支持为基础吸收利益相关者和投资基金等建立上海农村集中居住发展基金,形成对农村集中居住的稳定资金支持。同时,采取灵活的筹资模式与手段,有力推进农村集中居住。如在资金筹措上,除建立专门基金支持外,还要以区政府/村镇为主体,市级补贴为辅助,培养农业行会的金融功能,构建农业/农村组织的筹资能力;引导农民将部分自有资金投入农村集中居住;积极引入企业,引导工商资本参与农村集中居住建设。

其次,大力优化农村集中居住支持政策系统。将宅基地置换模式、宅基地归并模式及动迁模式等不同集聚模式的福利政策调节到大致平衡,制定多种集中居住方案,给农民更多选择方案,体现集中居住政策的公平性。充分利用好现有保障房体系安置支持农村集中居住,允许土地整治项目中远郊零星居住点自由选择就近归并或进镇上楼,允许农民通过缩小安置房面积等方式换取医保或城保,允许将超大的宅基地拆分为参加就近归并到保留村部分换取某些保障部分,允许同时将宅基地换取较小的进镇居住和一些城镇保障项目,允许对一些特殊地区可以制定专门的归并政策。另外,鉴于农村集中居住涉及生产生活、就业收入、医疗健康、养老托幼、文化教育等诸多环节和部门,应加强制定融资政策、土地和规划政策、医疗保障政策、就

---

① 高建忠.诸城农村集中居住研究[D].山东大学硕士论文,2013.

业保障政策、生态安全与可持续发展政策等形成有机的政策体系,系统高效地支持农村集中居住。①

十、分类指导,逐步推进

由于村庄发展水平、布局状态、发展条件和未来趋势存在很大的差别,推进农村集中居住要处理好速度与质量关系、农民意愿与政府引导关系、近期目标与中长期规划关系、片状集中居住与整体村庄功能布局关系,保持乡村"肌理"风貌特色与农民生产生活实际需求的关系,既要适当超前又要量力而行②、分类推进③。

首先,把握好农村集中居住的节奏。注重根据村庄发展条件,将村庄划分为提升发展类、城郊融合类、存续提升类、特色保护类、观察分异类和快速撤并类④,对不同村庄提出不同的战略思路和细化的支持,促进各类村庄的发展、演变,进而从整体上推动农村集中居住建设(见表8-2)。近期重点是抓好快速撤并型村庄、提升发展型村庄蜕变过程,注重将撤并型村庄的溢出人口能够很好地被聚类提升发展型与城郊融合类村庄或城区吸收,从中长期的视角推进存续提升型村庄和特色村庄在农村集中居住推进中的发展节奏,根据城镇扩张的速度推进城郊融合型村庄的发展,因时制宜,把握观察型村庄的分异,确定其发展方向。

表 8-2　　　　　　　　村庄类型及其集中居住推进思路

类型	集中居住推进模式	村庄集中居住推进条件与发展思路
I	提升发展模式	对于区位与资源禀赋良好,生态平衡,产业支撑较强、经济实力较为雄厚,对农村人口颇具吸聚力和容纳潜力的村庄,应本着聚类提升的思路,促进其居住集中区向着现代化中心村或小城镇方向发展升级

① 姜爱林.20世纪下半叶中国学者对土地政策的研究述评[J].当代中国史研究,2001(5):53-61.
② 王海燕.农民相对集中居住推进缓慢,原因在哪[EB/OL].(2019-9-26).http://www.spcsc.sh.cn/n1939/n1948/n1949/n2431/u1ai197205.html.
③ 孙鑫.乡村生态宜居:从"有住的"到"住得好"还有多远[J].上海人大月刊,2019(10):28-29.
④ 彭建强.乡村振兴要适应城乡人口流动与格局的动态变化[J].农村工作通讯,2018(21):1.

（续表）

类型	集中居住推进模式	村庄集中居住推进条件与发展思路
Ⅱ	存续提升模式	对于那些综合实力较强，住宅归并、置换、动迁可能性较小，缺乏特色且进一步吸聚人口能力不足的村庄应本着适度加强基础设施建设和公共服务供给能力，以规模维持且内涵适度丰富的存续提升思路保持和发展
Ⅲ	城郊融合模式	对于城市近郊区的村庄和新型农村社区的农村集中居住要抓住其城郊融合的特征，推进农村集中居住
Ⅳ	特色保护模式	对于具备特色资源、产业基础较好，尤其是文化底蕴深厚、历史悠久、风貌独特的村庄，其农村集中居住应当本着特色保护的思路不断推进内涵式发展
Ⅴ	观察分异模式	对于综合发展条件一般，生态限制性因素较少，而且既无明显特色又非重点发展，目前看不准的村庄，其集中居住要进一步观察分异基础上分类改造提升
Ⅵ	快速撤并模式	对于综合发展条件较差，生态敏感性较高或因城市建设、重大工程影响等需要进行搬迁调整的村庄（包括城镇提升搬迁型、地质灾害搬迁型、地形限制搬迁型和小型村庄搬迁型），要着力快速推进

资料来源：根据奉贤、嘉定、崇明、青浦、金山、宝山、浦东等区的土地规划及村庄布局资料整理。

基于"三高两区"内农户通常怀有的搬迁期望，可以根据这些居民点的区位条件或实际需要，通过积极的政策安排优先、灵活推进集中居住，或实现宅基地置换，或实现平移归并。对于那些集中居住意愿不强或尚在犹豫不定的农户，应当加强宣传，耐心等待，达到成熟集中居住实施要求时再着力推进。

其次，根据农户的生产生活特征，分类推动农村集中居住。如对那些临近城市化地区或土地已经流转，基本不从事农业生产活动的农村居民，特别是其中以老人和小孩为主要居住人群的农村居住点，要加强引导，积极推动这些居民点实现宅基地置换。对那些散布于远郊、有志于居住于农村并从事农业劳动的纯农户，应当积极引导他们向着聚集提升发展村和保留村归并集中，并按照农村和农业发展规划，完善村庄基础设施，方便农户生产生活。

附录　奉贤区农村宅基地情况调查问卷①

被访者姓名:_____　　联系电话:_____

地址:_____镇(街道、社区)_____村委会_____村民小组_____号

镇编码:_____

一、您家家庭人员情况

Q1　您家有几位家庭人员?_____位,请将您家家庭人员的基本情况依次填写:

调查内容	宅基地登记人	其他人员					
		1	2	3	4	5	⋯
Q2　目前户籍情况: 本地:1. 本村;2. 本镇非本村;3. 本区非本镇;非本地:4. 本市非本区;5. 非本市							
Q3　若非本地户籍,迁入年份是何年?(年份)							
Q4　性别:1. 男　2. 女							
Q5　年龄(周岁):							

---

①　该调查问卷由国家统计局上海调查总队制作,用于调查奉贤农村宅基地情况。

（续表）

调查内容	宅基地登记人	其他人员					
		1	2	3	4	5	…
Q6 宅基地登记人是否在世？ 1. 是；2. 否							
Q7 受教育程度： 1. 未上过学；2. 小学；3. 初中； 4. 高中或中专；5. 大专及以上							
Q8 户口性质：1. 农业户口； 2. 非农业户口							
Q9 从事何种职业？ 1. 务农；2. 务工；3. 雇主；4. 自营； 5. 公职；6. 其他职业；7. 无业							
Q10 是否宅基地实际拥有人？ 1. 是；2. 否							
Q11 是否在宅基地实际居住？ 1. 是；2. 否							

二、您家宅基地及其上房屋情况

Q12 您家有几处宅基地？_____处，若有 2 处及以上，请分别填报。

调查内容	1处	2处	3处	…
Q13 宅基地占地面积（平方米）				
Q14 宅基地获得时间（年份）				
Q15 宅基地获得形式： 1. 依法申请；2. 继承；3. 因村庄规划或国家公共建设等需要迁移的，依法获得安置宅基地；4. 村民转让；5. 其他，请注明_____				
Q16 您家宅基地上房屋建筑的实际面积（平方米）				
Q17 其中，自住（自用）面积				
Q18 出租面积				
Q19 若出租，目前月均租金收入是多少？（元）				
Q20 闲置面积				

（续表）

调查内容	1处	2处	3处	…
Q21　若闲置,原因是: 1. 不想出租;2. 目前还未租出去;3. 其他,请注明 _____				
Q22　房屋建造时间(年份)				
Q23　房屋结构: 1. 钢筋混凝土；2. 砖混；3. 砖(石)木;4. 竹草土坯;5. 其他				
生活配套设施情况				
Q24　是否有自来水? 1. 是;2. 否				
Q25　是否有管道煤气(天然气)? 1. 是;2. 否				
Q26　是否通电? 1. 是;2. 否				
Q27　是否有水冲式卫生厕所? 1. 是;2. 否				
Q28　若是水冲式卫生厕所,是否纳管处理? 1. 是;2. 否				

Q29　您家拥有几处商品房?　_____处,分别填写其建筑面积(平方米)

1. _____　　2. _____　　3. _____

三、宅基地房屋流转意愿

如果有以下几种宅基地流转方式,请问您的意愿如何?

Q30　您与集体经济组织签订流转协议,将闲置宅基地及其上房屋统一出租给集体经济组织,由集体经济组织改建后统一运营,集体经济组织会定期支付您一定的租金。租赁期满后宅基地及其上房屋交还给您。

① 愿意

② 不愿意,原因是_____

③ 说不清

Q31　您与集体经济组织签订流转协议,将闲置宅基地及其上房屋的处置权给集体经济组织,由集体经济组织改建后统一运营,集体经济组织根据协议给予您一定的款项,属地政府出具地票作为凭证。一旦您想收回您的处置权,则根据协议支付集体经济组织一定款项,属地政府则收回地票。

① 愿意

② 不愿意,原因是＿＿＿＿＿＿＿＿＿＿＿＿＿＿＿＿＿＿＿＿＿＿＿＿

③ 说不清

Q32 若您的宅基地及其上房屋位置比较偏僻,周边邻居少,您把宅基地及其上房屋搬到位置比较好,周边生活配套比较好的其他宅基地周边,形成一个农村社区,和其他村民共同居住生活,您的房子建筑面积不变。

① 愿意

② 不愿意,原因是＿＿＿＿＿＿＿＿＿＿＿＿＿＿＿＿＿＿＿＿＿＿＿＿

③ 说不清

Q33 政府对您的宅基地及其上房屋进行全货币化的回购。

① 愿意

② 不愿意,原因是＿＿＿＿＿＿＿＿＿＿＿＿＿＿＿＿＿＿＿＿＿＿＿＿

③ 说不清

Q34 政府在农村地区统一建设高层公寓住宅,若您具有新建宅基地房屋资格或者您想住楼房,可以自愿拆除原有宅基地房屋,由政府帮您置换到高层住宅中。楼房面积和您可以新建的面积或原来拆除的房屋建筑面积一样。这些高层住宅由政府发放宅基地不动产权证。

① 愿意

② 不愿意,原因是＿＿＿＿＿＿＿＿＿＿＿＿＿＿＿＿＿＿＿＿＿＿＿＿

③ 说不清

Q35 政府在城市里建设高层的安置房,您自愿拆除原有的宅基地房屋,由政府将您置换到高层住宅中。面积和您宅基地的合法占地面积一样。这些安置房经过一定年限后可以转为普通商品房,您可以对其进行交易。

① 愿意

② 不愿意,原因是＿＿＿＿＿＿＿＿＿＿＿＿＿＿＿＿＿＿＿＿＿＿＿＿

③ 说不清

Q36 政府在农村地区统一建设高层公寓住宅,若您具有新建宅基地房屋资格或者您想住楼房,可以自愿拆除原有宅基地房屋,由政府帮您置换到高层住宅中。楼房面积和您可以新建的面积或原来房屋建筑面积一样。这些高层住宅由政府发放宅基地不动产权证。置换时,您原来房子的部分面积换取房屋,部分面积货币化安置。

① 愿意

② 不愿意,原因是＿＿＿＿＿＿＿＿＿＿＿＿＿＿＿＿＿＿＿＿

③ 说不清

Q37 政府在城市里建设高层的安置房,您自愿拆除原有的宅基地房屋,由政府将您置换到高层住宅中。置换时,部分面积换取房屋,部分面积进行货币化安置。总的面积和您宅基地的合法占地面积一样。这些安置房经过一定年限后可以转为普通商品房,您可以对其进行交易。

① 愿意

② 不愿意,原因是＿＿＿＿＿＿＿＿＿＿＿＿＿＿＿＿＿＿＿＿

③ 说不清

Q38 政府在农村地区统一建设高层公寓住宅,若您具有新建宅基地房屋资格或者您想住楼房,可以自愿拆除原有宅基地房屋,由政府帮您置换到高层住宅中。这些高层住宅由政府发放宅基地不动产权证。置换时,您可以选择部分面积换取房屋,部分面积以股权形式入股集体经济组织,定期给您分红。总的面积和您可以新建的面积或原来房屋建筑面积一样。

① 愿意

② 不愿意,原因是＿＿＿＿＿＿＿＿＿＿＿＿＿＿＿＿＿＿＿＿

③ 说不清

Q39 政府在城市里建设高层的安置房,您自愿拆除原有的宅基地房屋,由政府将您置换到高层住宅中。置换时,部分面积换取房屋,部分面积以股权形式入股集体经济组织,定期给您分红。总的面积和您宅基地的合法占地面积一样。这些安置房经过一定年限后可以转为普通商品房,您可以对其进行交易。

① 愿意

② 不愿意,原因是＿＿＿＿＿＿＿＿＿＿＿＿＿＿＿＿＿＿＿＿

③ 说不清

Q40 政府在农村地区统一建设高层公寓住宅,若您具有新建宅基地房屋资格或者您想住楼房,可以自愿拆除原有宅基地房屋,由政府帮您置换到高层住宅中。这些高层住宅由政府发放宅基地不动产权证。置换时,您可以选择部分面积换取房屋,部分面积货币化置换,剩余面积以股权形式入股集体经济组织,定期给您分红。总的面积和您可以新建的面积或原来房屋建筑面积一样。

① 愿意

② 不愿意,原因是＿＿＿＿＿＿＿＿＿＿＿＿＿＿＿＿＿＿＿＿

③ 说不清

Q41 政府在城市里建设高层的安置房,您自愿拆除原有的宅基地房屋,由政府将您置换到高层住宅中。置换时,部分面积换取房屋,部分面积货币化安置,剩余面积以股权形式入股集体经济组织,定期给您分红。总的面积和您宅基地的合法占地面积一样。这些安置房经过一定年限后可以转为普通商品房,您可以对其进行交易。

① 愿意

② 不愿意,原因是＿＿＿＿＿＿＿＿＿＿＿＿＿＿＿＿＿＿＿＿

③ 说不清

Q42 若由政府将您在某个区域的宅基地及其上房屋,置换到另一条件较好区域的高层住宅,面积根据两个区域的平均房价差异进行调整。如您在四团镇有宅基地及其上房屋,可将其置换南桥新城的高层普通商品房,但面积根据两镇的平均房价差异有一定程度的调整。

① 愿意

② 不愿意,原因是＿＿＿＿＿＿＿＿＿＿＿＿＿＿＿＿＿＿＿＿

③ 说不清

Q43 您对农村宅基地的管理还有哪些意见和建议?

＿＿＿＿＿＿＿＿＿＿＿＿＿＿＿＿＿＿＿＿＿＿＿＿＿＿＿＿

＿＿＿＿＿＿＿＿＿＿＿＿＿＿＿＿＿＿＿＿＿＿＿＿＿＿＿＿

＿＿＿＿＿＿＿＿＿＿＿＿＿＿＿＿＿＿＿＿＿＿＿＿＿＿＿＿

＿＿＿＿＿＿＿＿＿＿＿＿＿＿＿＿＿＿＿＿＿＿＿＿＿＿＿＿

参 考 文 献

[1] 埃里克·阿尔贝克.北欧地方政府:战后发展趋势与改革[M].北京:北京大学出版
        社,2005.

[2] 白莹,蒋青.农民集中居住方式的意愿调查与分析——以成都市郫县为例[J].农村
        经济,2011(7):111-114.

[3] 蔡弘,黄鹂.农民集中居住满意度评价体系建构——基于安徽省1 121个样本的实
        证研究[J].安徽大学学报(哲学社会科学版),2016(1):137-147.

[4] 曹泮天.宅基地使用权隐形流转的制度经济学分析[J].现代经济探讨,2013(4):
        75-80.

[5] 曹恒德,王勇,李广斌.苏南地区农村居住发展及其模式探讨[J].规划师,2007(2):
        18-21.

[6] 陈彬.农村宅基地制度改革的实践及问题分析——基于浙江省义乌市的实践[J].中
        国土地,2017(8):4-7.

[7] 陈克剑.农民集中居住后就业风险控制研究——基于970份调查问卷的分析[J].经
        济研究导刊,2012(15):108-109.

[8] 陈利根,王琴,龙开胜.农民宅基地福利水平影响因素的理论分析[J].农村经济,
        2011(12):13-16.

[9] 成程,陈利根,赵光.农民非农化对宅基地福利性认同的影响分析[J].经济研究,
        2014(7):91-97.

[10] 陈靖.城镇化背景下的"合村并居"——兼论"村社理性"原则的实践与效果[J].中国
        农村观察,2013(4):14-21,94.

[11] 陈利根,王琴,龙开胜.农民宅基地福利水平影响因素的理论分析[J].农村经济,2011(12):13-16.

[12] 陈晓华,张小林.城市化进程中农民居住集中的途径与驱动机制[J].特区经济,2006(1):150-151.

[13] 陈筱琳.上海郊区宅基地置换问题研究[D].上海交通大学 MPA 论文,2009.

[14] 程静景,林科,陈婧.高陵推出首批"共享村落"探索宅基地"三权分置"[EB/OL].http://xian.gjnews.cn/area/2018/7197.html,2018-7-2.

[15] 储京生.稳步推进农村集中居住点建设[J].江苏农村经济,2011(2):53-54.

[16] 党国英.迁村并居:别把好事变坏事[N].新京报评论周刊,2010-09-21.

[17] 党国英.不可盲目推行"大村庄制"[J].村委主任,2009(12):11.

[18] 邓雪霜.重庆市农民新村型集中居住建设机制研究[D].重庆工商大学硕士学位论文,2016.

[19] 杜能.孤立国同农业和国民经济的关系[M].吴衡康,译.北京:商务印书馆,1986.

[20] 杜云素,钟涨宝,李飞.城乡一体化进程中农民家庭集中居住意愿研究——基于江苏扬州和湖北荆州的调查[J].农业经济问题,2013(11):71-77.

[21] 高超,施建刚.上海农村宅基地置换模式探析——以松江区佘山镇为例[J].中国房地产,2010,(7):54-56.

[22] 高进云,乔荣锋.农地城市流转前后农户福利变化差异分析[J].中国人口·资源与环境,2011,21(1):99-105.

[23] 高骞,王丹.提高土地利用效率推动高质量发展[J].科学发展,2019(1):87-93.

[24] 高岳.关于农民集中居住问题的再思考——以江苏地区为例[J].江苏城市规划,2012(10):37-39.

[25] 耿忠平.郊区"三个集中"与农民的社会保障[J].城市管理,2002(2):40-41.

[26] 郭丽丽,蔡瞳,陈利根.农民集中居住的动力机制及途径探讨:以江苏省为例[J].资源与产业,2009(1):63-67.

[27] 韩俊,秦中春,张云华,等.引导农民集中居住的探索与政策思考[J].中国土地,2007(3):35-38.

[28] 韩道铉,田杨.韩国新村运动带动乡村振兴及经验启示[J].南京农业大学学报(社会科学版),2019,19(04):20-27.

[29] 赫尔穆特·沃尔曼.比较英德公共部门改革[M].北京:北京大学出版社,2004.

[30] 何瑞雯,陈眉舞,罗小龙,等.城郊半城市化地区的镇村健康发展探索——以扬州市区镇村布局规划为例[J].江苏城市规划,2015(4):15-20.

[31] 洪名勇.农民土地产权贫困与农地产权保护[J].商业研究,2009(02):207-210.

[32] 胡克梅,杨子蛟.对集体建设用地使用权流转的思考[J].中国房地产,2003(11):13-15.

[33] 黄美均,诸培新.完善重庆地票制度的思考——基于地票性质及功能的视角[J].中国土地科学,2013(6):48-52.

[34] 黄学贤,齐建东.农民"被上楼"是喜还是忧——以农村城镇化进程中的依法规划为视角[J].东方法学,2011(3):76-82.

[35] 黄薇.小小宅基地改革大舞台——浅议农村宅基地使用制度改革[J].中国土地,2014(2):22-25.

[36] 惠献波.农户集中居住意愿影响因素分析——基于结构方程模型(SEM)的估计[J].江西农业大学学报(社会科学版),2013,12(2):150-155.

[37] 伽红凯,王思明,王树进.中国农民集中居住的演进过程与经验借鉴[J].农村经济,2016(12):21-25.

[38] 伽红凯,王树进.集中居住前后农户的福利变化及其影响因素分析——基于对江苏省农户的调查[J].中国农村观察,2014(1):26-39.

[39] 金昕.上海郊区新农村农民居住点模式与机制研究——以奉贤区为例[D].南京农业大学硕士论文,2011.

[40] 贾舞阳,张春兰.我国"合村并居"建设困境及对策研究——以河南省 W 市为例[J].理论探索,2013(3):474-475.

[41] 贾燕,李钢,朱新华,等.农民集中居住前后福利状况变化研究——基于森的"可行能力"视角[J].农业经济问题,2009(2):30-36.

[42] 蒋丹群.乡村振兴背景下上海市农民集中居住模式分析——以松江区为例[J].上海城市规划,2019(1):96-100.

[43] 江国逊."多规合一"背景下宝应县镇村布局规划的控制与优化[J].小城镇建设,2017(9):79-84+96.

[44] 姜涛,黄晓芳.国内外乡村发展政策经验及对武汉的启示[J].规划师,2009(9):49-53.

[45] 姜玉欣."合村并居"的运行逻辑及风险应对——基于斯科特"国家的视角"下的研究[J].东岳论丛,2014(9):19-22.

[46] 居晓婷.乡村振兴背景下农民安置品质提升路径研究——以上海市农民集中居住为例[J].上海城市规划,2018(S1):95-99.

[47] 克里斯·泰勒.《德国南部的中心地原理》[M].常正文,王兴中,译.北京:商务印书

馆,1998.

[48] 课题组.以三个集中为导向加快推进新型城镇化建设——上海郊区农民相对集中居住情况调研[J].上海土地,2016(2):26-28.

[49] 孔艳芳,张海鹏,贾庆英.农民集中居住意愿的影响因素分析——基于山东省 26 个乡镇的调查研究[J].山东大学学报(哲学社会科学版),2004(6):27-35.

[50] 孔艳芳.山东省农民集中居住的经济学分析[D].山东财经大学,2013.

[51] 孔荣,王亚军.农户集中居住意愿的影响因素分析[J].新疆农垦经济,2010(8):61-64.

[52] 朗海如.农民集中居住过程中的农民福利缺失及对策[J].安徽农学通报,2010,16(13):40-41.

[53] 理查德·廷德尔,苏珊·诺布斯·廷德尔.加拿大地方政府(第六版)[M].于秀明,邓璇,译.北京:北京大学出版社,2005.

[54] 李昌平,刘学熙,张慧.土地"增减挂钩"与农民"集中居住"是大势所趋[J].商务周刊,2011(1):24-25.

[55] 李川,李建强,林楠,等.农村宅基地使用制度改革研究进展及展望[J].中国农业资源与区划,2017,38(1):74-81.

[56] 李春光.国外"三农"面面观[M].北京:石油工业出版社,2009.

[57] 李飞,钟涨宝.欠发达地区农民集中居住实现策略探析[J].经济体制改革,2013(5):83-86.

[58] 李飞,钟涨宝.农民集中居住背景下村落熟人社会的转型研究[J].中州学刊,2013(5):74-78.

[59] 李浩媛,段文技.中国农村宅基地制度改革的基底分析与路径选择——基于 15 个试点县(市、区)的分析[J].世界农业,2017(9):15-20.

[60] 李红波.国外乡村聚落地理研究进展及近今趋势[J].人文地理,2012,27(4):103-108.

[61] 李俊鹏,王利伟,纵波.城镇化进程中乡村规划历程探索与反思——以河南省为例[J].小城镇建设,2016(5):53-58.

[62] 李润平.发达国家推动乡村发展的经验借鉴[J].宏观经济管理,2018(9):69-77.

[63] 梁印龙,田莉.新常态下农村居民点布局优化探讨与实践——以上海市金山区为例[J].上海城市规划,2016(4):42-49.

[64] 李晓瑾.浅析我国农村"合村并居"中存在的问题与对策[J].人文政治,2011(5):224-225.

[65] 李振华,毕于建,姜继玉."合村并居"背景下被拆迁农民权益的法律保护初探[J].特区经济,2012(12):152-154.

[66] 李勇,杨卫忠.农户农地经营权和宅基地使用权流转意愿研究——以浙江省嘉兴市"两分两换"为例[J].农业技术经济,2013(5):53-60.

[67] 李俊鹏,王利伟,纵波.城镇化进程中乡村规划历程探索与反思——以河南省为例[J].小城镇建设,2016(5):53-58.

[68] 林超,陈泓冰.农村宅基地流转制度改革风险评估研究[J].经济体制改革,2014(4):90-94.

[69] 林聚任.村庄合并与农村社区化发展[J].人文杂志,2012(1):160-164.

[70] 刘海英,刘小玲,高艳梅.基于农民视角的宅基地置换评价[J].广东农业科学,2011(16):212-215.

[71] 刘静,龙腾,孙彦伟.以"三个集中"推进新型城镇化——上海郊区农民相对集中居住情况调研[J].上海土地,2016(2):26-28.

[72] 刘卫东.联合兼并:创建农村区域经济发展新体制——山东荣成市宁津镇调查[J].中国农村经济,1997(19):44-47+56.

[73] 刘元胜,崔长彬,唐浩.城乡建设用地增减挂钩背景下的撤村并居研究[J].经济问题探索,2011(11):149-152.

[74] 罗纳德·J.奥克森.治理地方公共经济学[M].北京:北京大学出版社,2005.

[75] 吕萍,钟荣桂,杨柏文,等.江西余江农村宅基地制度改革成效[J].中国土地,2017(8):12-14.

[76] 吕学昌.居民点重构经济发达地区的一种城市化模式[J].重庆工商大学学报(社会科学版),2003,27(9):71-73.

[77] 曼昆.经济学原理(第七版)[M].北京:北京大学出版社,2015.

[78] 马光川,林聚任.新型城镇化背景下"合村并居"的困境与未来[J].学习与探索,2013(10):31-36.

[79] 马俊贤.完善农民集中居住的配套保障[N].联合时报,2014-08-20.

[80] 马贤磊,孙晓中.不同经济发展水平下农民集中居住后的福利变化研究——基于江苏省高淳县和盱眙县的比较分析[J].南京农业大学学报,2012,12(2):8-15.

[81] 南根祐(庞建春).韩国的新村运动和生活变化[J].民间文化论坛,2019,(6):26-37.

[82] 聂玉霞.国内外关于村庄合并研究述评[J].山东农业大学学报(社会科学版),2015(1):73-78.

[83] 倪益军,郭丹丹.上海市郊区宅基地置换试点规划工作[J].上海城市规划,2005(6):

18-27.

[84] 倪羌莉.积极有效地推进农民集中居住建设——基于乡镇干部的问卷调查[J].经济研究导刊,2009(7):41-42.

[85] 李越.农民集中居住研究综述[J].农业经济,2014(1):105-107.

[86] 朴振焕,潘伟光,郑靖吉.韩国新村运动——20世纪70年代韩国农村现代化之路[M].魏蔚,等译.北京:中国农业出版社,2005.

[87] 浦东新区发改委.浦东新区推进农民相对集中居住调研报告[R].2019(6):7-8.

[88] 齐培松,蔡天文,涂晓扬,等.探索"晋江模式"——晋江市推进农村宅基地制度改革试点工作综述[N].海峡资源报,2018-8-22(33).

[89] 乔桂银.农村集中居住中的建设用地问题研究[J].未来与发展,2010(2):9-13.

[90] 任萌."合村并居"渊源及成因解析[J].黑龙江教育学院学报,2012(1):193-194.

[91] 阮荣平.农村集中居住:发生机制、发展阶段及拆迁补偿——基于新桥镇的案例研究[J].中国人口·资源与环境,2012,22(2):112-118.

[92] 单文豪.关于上海郊区农民"向城镇集中"的调查与思考[J].上海农村经济,2003(9):22-25.

[93] 上官彩霞,冯淑怡,吕沛璐,等.交易费用视角下宅基地置换模式的区域差异及其成因[J].中国人口·资源与环境,2014,24(4):107-115.

[94] 上海市第二次农业普查领导小组办公室,上海市统计局,国家统计局上海调查总队.上海市第二次农业普查研究报告集[R].2008-8.

[95] 上海城策行建筑规划设计咨询有限公司,上海城市房地产估价有限公司.上海农民宅基地若干政策研究报告[R].2018.

[96] 上海市第三次农业普查领导小组办公室,上海市统计局,国家统计局上海调查总队.上海市第三次农业普查这资料[R].2019-8.

[97] 生青杰.宅基地使用权制度改革的思考[J].湖南师范大学社会科学学报,2012,41(5):10-13.

[98] 宋宝莉,何东,刘传辉.产业生态化:农民集中居住区产业发展的必然选择——基于对成都市新津县的调研[J].改革与战略,2012,28(3):108-110,146.

[99] 宋言奇.农民集中居住社区建设个案研究[J].城市问题,2008(9):73-76.

[100] 宋福忠,赵宏彬.引导农村居民相对集中居住模式研究——以重庆市为例[J].安徽农业科学,2011,39(6):3709-3712.

[101] 施烨明.农民集中居住的意愿分析及对策——以浙江省嘉兴市南湖区为例[D].上海交通大学 MPA 论文,2015.

[102] 孙仲蠡.以土地使用制度创新为突破口,加快推进郊区"三个集中"[J].上海农村经济,2003(7):4-6.

[103] 孙晓中.我国农民集中居住整理模式的探讨与思考[J].江西农业学报,2010,22(7):192-195.

[104] 陶家祥.大理:因地制宜推进宅基地改革[J].中国土地,2017(5):56-57.

[105] 陶然,史晨,汪晖,等."刘易斯转折点悖论"与中国户籍、土地、财税制度联动改革[J].国际经济评论,2011(3):120-147.

[106] 田光明.城乡统筹视角下农村土地制度改革研究[D].南京农业大学,2011.

[107] 田鹏,陈绍军."无主体半熟人社会":新型城镇化进程中农民集中居住行为研究——以江苏省镇江市平昌新城为例[J].人口与经济,2016(4):53-61.

[108] 田珍,秦兴方.基于农民视角的集中居住政策选择:以扬州市为例[J].学海,2011(1):110-114.

[109] 王丙川,龚雪."合村并居"的必要性与可行性分析——基于山东省潍坊、德州、济宁等地的考察分析[J].山东农业大学学报(社会科学版),2010(3):61-65.

[110] 王宏利.完善增减挂钩的资金使用管理推进农民向城镇集中居住——基于上海市的调研[J].产业创新研究,2019(4):1-2+11.

[111] 汪晖,陶然,史晨.让农民集中居住必须面对的五个问题[N].第一财经日报,2010-12-28.

[112] 王巨详,叶艳,余涛,等.积极稳妥地推进农民适度集中居住[J].江苏农村经济,2007(3):27.

[113] 王克强,马克星,刘红梅.上海市建设用地减量化运作机制研究[J].中国土地科学,2016,30(5):3-12.

[114] 王鹏翔,黄娜.推进农民集中居住的深层思考[J].浙江经济,2007(6):48-49.

[115] 王霄慨.上海农民建房和集中居住路径探究[J].上海农村经济,2019(8):21-24.

[116] 王小平,白云涛,白夜.农民收入增加与农民福利增加分析[J].价值工程,2007(4):19-21.

[117] 王志强.农村集中居住问题研究进展[J].农村经济与科技,2015,26(10):204-206.

[118] 王正中.集中居住对欠发达地区农村社区发展的影响——基于对苏北W村社会变迁的个案研究[J].学海,2010(5):107-113.

[119] 魏书威,王阳,陈恺悦,等.改革开放以来我国乡村体系规划的演进特征与启示[J].规划师,2019(16):56-61.

[120] 吴建瓴.土地资源特征决定模式选择——关于成都市"推进农民向城镇集中"的调

查与分析[J].经济体制改革,2007(3):88-91.

[121] 吴康军.奉贤区农村宅基地归并和置换两种模式比较研究[J].上海农村经济,2014
(4):39-42.

[122] 西奥多·W.舒尔茨.改造传统农业[M].北京:商务印书馆,2007.

[123] 夏正智.农村现行宅基地制度的突出缺陷及改革取向[J].江汉学术,2015,34(6):
29-35.

[124] 谢崇华,陈宏民.上海郊区农民居住集中现状分析与对策[J].上海农业学报 2006,
22(1):90-92.

[125] 谢玲,李孝坤,余婷.基于 Logistic 模型的农户集中居住意愿分析[J].重庆师范大
学学报(自然科学版),2014,31(2):28-34.

[126] 谢岳,许硕,吕晓波."汲取"与"包容":"农民上楼"的两种模式[J].江苏行政学院学
报,2014(4):75-82.

[127] 谢正源,谢拜池,何雯雯,等.影响农民集中居住意愿因素的调查[J].浙江农业科
学,2012(9):1347-1349.

[128] 邢莎莎."合村并居前后"农民福利变化研究——以潍坊市临朐县为例[D].山东财
经大学硕士论文,2016.

[129] 徐持平,刘庆,徐庆国.集中居住对农民生活的影响——基于湖南长沙郊区农村的
调查[J].湖南农业大学学报,2010,11(5):44-49.

[130] 万怀韬,蔡承智,朱四元.中外农(乡)村建设模式研究评述[J].世界农业,2011(4):
26-29.

[131] 王丙川,龚雪."合村并居"的必要性与可行性分析——基于山东省潍坊、德州、济
宁等地的考察分析[J].山东农业大学学报(社会科学版),2010(3):61-65.

[132] 王霄慨.上海农民建房和集中居住路径探究[J].上海农村经济,2019(8):21-24.

[133] 亚当·斯密.国富论[M].北京:商务印书馆,1972.

[134] 严苏桐.欠发达地区推进农民集中居住的实践与对策——以江苏省宿迁市为例
[J].江苏农业科学,2013,41(11):447-449.

[135] 严祖斌,程咏梅.推进"三点合一"建设美丽乡村[J].江苏农村经济,2014(2):
55-56.

[136] 杨斌,贺琦.失地农民保障制度的理念原则及其框架研究——基于可持续生计视
角[J].当代经济管理,2011,33(1):59-63.

[137] 杨成.公众参与:农民集中居住良性推进之程序保障[J].河北法学,2014(11):
132-140.

[138] 杨成林.天津市"宅基地换房示范小城镇"建设模式的有效性和可行性[J].中国土地科学,2013(2):33-38.

[139] 杨继瑞,周晓蓉.统筹城乡背景的农民集中居住及其制度重构[J].改革,2010(8):91-99.

[140] 杨蓉,赵亚博.土地流转对农民福利的影响分析[J].企业导报,2012(9):9-10.

[141] 叶继红.农民集中居住、身份认同及其影响因素[J].内蒙古社会科学(汉文版),2011,32(4):128.

[142] 叶继红.城市新移民社区参与的影响因素与推进策略[J].中州学刊,2012(1):87-92.

[143] 叶继红.农民集中居住、文化适应及其影响因素[J].社会科学,2011(4):78-86.

[144] 易小燕,方琳娜,陈印军.新型城镇化背景下农户退出宅基地集中居住的福利变化研究——基于江苏省农户调查数据[J].环境与可持续发展,2016,41(6):19-23.

[145] 易小燕,陈印军,杨瑞珍.农民"被上楼"的权益缺失及其保护措施[J].中国经贸导刊,2011(22):33-35.

[146] 易舟.公众参与农村闲置宅基地整理的研究综述[J].农业科技管理,2012(3):56-59.

[147] 尹奇,马璐璐,王庆日.基于森的功能和能力福利理论的失地农民福利水平评价[J].中国土地科学,2010,24(7):41-46.

[148] 余建华,孙峰,吉云松,等.新农村集中居住区建设的农民意愿及对策探究[J].经济问题,2007(12):91-94.

[149] 俞日富.关于推进嘉兴农民集中居住的思考[J].农村改革与发展,2009(7):23-28.

[150] 苑鹏,白描.福利视角下农民政治参与现状的实证研究——基于山东、河南、陕西三省六县487户农户的问卷分析[J].理论探讨,2013(6):13-16.

[151] 袁志国,李劲峰.农村宅基地制度改革试点观察[J].半月谈,2016(22):55-57.

[152] 张国坤.上海"三农"决策咨询研究——2017年度上海科技兴农软课题研究成果汇编[M].上海:上海财经大学出版社,2018.

[153] 张金明,陈利根.农民集中居住的意愿、影响因素及对策研究——以江苏省江都市为例[J].农村经济,2009(10):17-20.

[154] 张立.我国乡村振兴面临的现实矛盾和乡村发展的未来趋势[J].城乡规划,2018(1):17-23.

[155] 张乃贵.完善"一户一宅"的"余江样板"——江西省余江县宅基地制度改革的启示与建议[J].中国土地,2017(11):46-48.

[156] 张青.城市化进程中农村居住形态的转变研究——从村落到农民集中居住区[D].华东师范大学硕士论文,2008.

[157] 章晓佳.农民集中居住研究综述[J].当代社科视野,2012(12):17-21.

[158] 张永强.用好宅基地复垦券政策助力脱贫攻坚——河南省国土资源厅副厅长陈治胜答记者问[J].资源导刊,2017(1):12-13.

[159] 张正峰,杨红,吴沅箐,等.上海两类农村居民点整治模式的比较[J].中国人口·资源与环境,2012,22(12):89-93.

[160] 赵海.农民集中居住:动因、成效与问题——对江苏省昆山市的调查分析[J].农业部管理干部学院学报,2012(9):7-10.

[161] 赵海林.农民集中居住的策略分析——基于王村的经验研究[J].中国农村观察,2009(6):31-36+95.

[162] 赵宏彬,宋福忠.国内外农民相对集中居住的引导经验[J].世界农业,2010,12:39-43.

[163] 赵美英.城市化进程中的农民集中居住研究[J].江苏工业学院学报(社会科学版),2008,9(2):65-69.

[164] 赵美英,李卫平,陈华东.城市化进程中农民集中居住生活形态转型研究[J].农村经济与科技,2010,21(11):7-11.

[165] 郑风田,傅晋华.农民集中居住:现状、问题与对策[J].农业经济问题,2007(9):47.

[166] 郑良.福建晋江:农村宅基地抵押贷款"破冰"[J].金融世界,2016(2):114-115.

[167] 中国农业银行三农政策与业务创新部课题组.发达国家推动乡村发展的经验借鉴[J].宏观经济管理,2018(9):69-77.

[168] 钟甫宁,王兴稳.现阶段农地流转市场能减轻土地细碎化程度吗?[J].农业经济问题,2010(1):23-32.

[169] 中国农业银行三农政策与业务创新部课题组.发达国家推动乡村发展的经验借鉴[J].宏观经济管理,2018(9):69-77.

[170] 周游,魏开,周剑云,等.我国乡村规划编制体系研究综述[J].南方建筑,2014(2):24-29.

[171] 朱明芬.农村宅基地产权权能拓展与规范研究——基于浙江义乌宅基地"三权分置"的改革实践[J].浙江农业学报,2018,30(11):1972-1980.

[172] 张颖举.农民集中居住建设热下的冷思考[J].江苏农业科学,2011,39(5):53-75.

[173] Alkire, S., Black, S. A Practical Reasoning Theory of Development Ethics: Furthering the CapabilitiesApproach[J]. *Journal of International Development*,

1997, 9(2):263.

[174] Brandolini A, D' Alessio G. Measuring well-being in the functioning space[C]. General Conference of the International Association for Research in Income and Wealth, Cracow, Poland, 1998.

[175] Gogodze J, Kan I, Kimhi A. Land reform and rural well-being in the Republic of Georgia: 1996—2003 [J]. *Discussion Paper-Department of Agricultural Economics and Management*, 2007,1(7): 26.

[176] Hart J.E(1976), "Urban Encroachment on Rural Areas99, Geography Review, 66 (1):1-7.

[177] Loomis.J, Gonzalez A. G, Robin Gregory R. Do reminders of substitutes and budget constraints influence contingent valuation estimates[J]. *Land economics*, 1994, 70(4): 499-506.

[178] Olubunmi, I. Y. A. Daniel, A. B. Income inequality and the welfare of rural households in Imo State, Nigeria [J]. *Agricultural Journal*. 2009, 4 (5): 221-225.

[179] Robeyns I.(2003). "Sen'S Capabilities Approach and Gender Inequalities: Selecting Relevant Capabilities", Feminist Economics, 19(1-2).61-92.

[180] Sen, A.Capabilities and Well-being, in the Quality of Life, Edited by Nussbaum, M. and Sen, M., Oxford: Clarendon Press, 1993.

[181] Sen, A(1996), "Freedom, Capabilities and Public Action: a Response", Notizie di politeia, 1(2):107-125.

后　记

　　"乡村集中居住研究"是一项前沿性、理论性和实践性很强且与时俱进的新课题。本研究是在多项课题研究的基础上完成的。这些课题包括上海市政府重点课题(No.2019－A－022－A,No.2016－A－77,No.2016－GR－08,2009－A－14－B)、国家自然科学基金重点课题(No.71333010)和上海市科委重点课题(No.066921082)等。

　　农村集中居住是社会经济发展到一定阶段,为了优化资源配置,提高农村经济增长速度,推动乡村振兴,缩小城乡差距,实现城乡融合,形成城乡居住等值,促进农村美、农村富、农村强的必然选择。本研究基于相关理论及大量的实地调查,重点围绕着当前推进农村集中居住的政策与制度、影响农村集中居住的深层次原因、农村集中居住的资金平衡、发展农村集中居住的潜力、促进农村集中居住的模式、促进农村集中居住的国际国内经验及农村居住区的可持续发展等重大问题展开研究,最后提出了促进农村集中居住的战略与对策建议。

　　在本书的撰写过程中,首先得到了上海交通大学安泰经济与管理学院的顾海英教授和史清华教授的大力帮助,在此深表谢意!在写作过程中的若干数据资料也得益于上海市农业农村委的方志权处长、国家统计局上海调查总队的孙德麟副总队长、潘国林处长的大力帮助,在此表示感谢!

　　硕士研究生李康隆做了许多关于数据整理和计算方面的工作。

　　本书能够出版离不开上海财经大学出版社刘光本博士的鼎力支持,在此深表感谢! 本书出版也得益于上海交通大学安泰经济与管理学院出版基金的资助。

　　由于水平有限,本书中的缺点和错误在所难免,敬请广大读者多多包涵和批评指正。

范纯增

2021 年 1 月 8 日